Gerhard Staguhn
Ach, so geht das!

Gerhard Staguhn

Ach, so geht das!

71 Alltagsrätsel
endlich klar erklärt

Mit Illustrationen
von Joachim Widmann

Anaconda

Lizenzausgabe mit freundlicher Genehmigung des Carl Hanser Verlag München

© Carl Hanser Verlag München 2002

Titel der Originalausgabe: *Warum fallen Katzen immer auf die Füße? ... und andere Rätsel des Alltags*

Die Deutsche Nationalbibliothek verzeichnet diese Publikation in der Deutschen Nationalbibliografie; detaillierte bibliografische Daten sind im Internet unter http://dnb.d-nb.de abrufbar.

© dieser Ausgabe 2015 Anaconda Verlag GmbH, Köln

Alle Rechte vorbehalten.

Umschlagmotiv und -gestaltung: Olaf Schumacher

Satz und Layout: InterMedia, Ratingen

Printed in Czech Republic 2015

ISBN 978-3-7306-0211-9

www.anacondaverlag.de

info@anacondaverlag.de

Inhalt

Von Himmel und Erde – und anderen Unendlichkeiten

Von Formen und Farben – und anderen Illusionen

Von Handys und Kühlschränken –
und anderen Nützlichkeiten

Von Eiscreme und Gummibärchen –
und anderen Leckereien

Vom Verlieben und Lachen – und anderen Menschlichkeiten

Vom Träumen und Sterben – und anderen Endlichkeiten

Von Himmel und Erde – und anderen Unendlichkeiten

Warum gibt es die Welt?

Die alltäglichste aller Fragen ist zweifellos die nach dem Ursprung von allem – und die fällt zusammen mit der Frage nach dem Ursprung des Alls. Im Grunde ist ja alles ein Rätsel, sei es nun ein Staubkorn oder eine ganze Galaxie. Schließlich bestehen auch Galaxien nur aus Staubkörnern. Und Staubkörner bestehen aus Atomen. Und Atome bestehen aus Protonen, Neutronen und Elektronen. Die sind alle kurz nach Beginn der Welt entstanden. Auch wir sind nur Staubkörner, Bewohner eines größeren Staubkorns, das wir Erde nennen. Freilich sind wir ganz besondere Staubkörner, nämlich solche, die Fragen stellen und den Sinn ihres Staubkorn-Daseins ergründen wollen.

In jedem Alltagsrätsel stecken die Rätsel des Alls, denn unser Alltag ist nichts anderes als ein Tag in diesem All. Jedes Alltagsrätsel ist ein Teil des einen großen Rätsels: Warum gibt es die Welt und was soll der Sinn des Ganzen sein? Warum sind momentan gerade wir auf der Welt und wieso ist kein anderer an meiner Stelle? Fragen, die einen schwindlig machen.

Dass es die Welt – und uns als Staubkörner darin – gibt, ist durchaus nicht selbstverständlich. Es könnte genauso gut sein, dass nichts ist. Immerhin muss man davon ausgehen, dass vor dem Universum nichts war. Und so hätte es auch bleiben können. Wieso musste plötzlich ein Universum sein, wo eine Ewigkeit lang nichts war? Wieso war sich das Nichts auf einmal nicht mehr selber genug? Und wie konnte aus nichts ein Universum hervorgehen? Wo doch schon die Entstehung eines einzigen Atoms aus nichts unmöglich ist. Die Naturgesetze erlauben so etwas nicht. Die Gesetze der Physik verlangen nämlich, dass aus nichts nichts entstehen kann, vor allem nicht gleich ein ganzes Universum. Damit etwas Neues entstehen kann, muss schon etwas da sein, aus dem es gebildet wird.

Das Problem ließe sich dadurch lösen, dass man einfach davon ausgeht, dass das Universum nicht zu einem Zeitpunkt Null entstanden ist, sondern schon immer da war. Das Wörtchen »immer« macht die Frage nach dem Ursprung der Welt überflüssig. Eine feine Lösung, die bis zum Jahre 1929 auch von vielen Wissenschaftlern vertreten wurde, so auch von Albert Einstein. Dann aber machte der amerikanische Astronom Edwin O. Hubble zufällig die Entdeckung, dass das Universum sich mit rasender Geschwindigkeit ausdehnt. Das heißt: Die Milliarden von Galaxien darin streben unaufhaltsam und bis in alle Ewigkeit voneinander fort. Was aber voneinander fortstrebt, muss früher mal in einem Punkt vereint gewesen sein. Damit aber hat das Universum einen Anfang; es war nicht immer da. Es gab eine »universumslose Zeit«, so könnte man sagen. Das ist natürlich eine ziemlich unsinnige Formulierung, denn wo nichts ist, kann auch keine Zeit sein. Im Nichts würde keine Zeit vergehen. Ohne Ereignisse keine Zeit. Ohne Materie keine Ereignisse.

Die Zeit kam erst mit der Welt in die Welt. Und schon haben wir uns wieder eine unsinnige Formulierung geleistet, denn die Welt kam ja nicht in die Welt, sondern sie kam ins Nichts, was sich zugegeben auch befremdlich anhört.

Wir merken es schon: Hier haben wir es mit einer harten Gedankennuss zu tun. Diese »Nuss« wird gemeinhin als Urknall bezeichnet – der Beginn der Welt aus nichts. Der Urknall fand vor ungefähr 15 Milliarden Jahren statt. Das ist allerdings nur eine Vermutung. Bewiesen ist der Urknall bis heute nicht, doch kaum ein Wissenschaftler zweifelt an der Richtigkeit dieser Weltentstehungstheorie. Geknallt hat es dabei mit Sicherheit nicht, denn im Nichts – die Physiker sprechen vom Vakuum – gibt es keinen Schall.

Das Dumme am Urknall ist, dass es ihn nach den herrschenden Gesetzen der Physik gar nicht geben darf. Denn, wie schon gesagt, von nichts kommt nichts, auch kein Knall, mag er noch so »urig« sein. Die Behauptung, das Universum sei im Urknall aus dem absoluten Vakuum entstanden, weckt in uns die Vorstellung eines ersten Augenblicks: eben der Augenblick des Urknalls. Wir stellen uns den Zeitpunkt einer Entstehung vor. Wenn aber vor dem Urknall nichts war, wenn es nichts gab, weder Materie noch Raum noch Zeit, dann kann es auch keinen Anfang, also keinen Zeitpunkt der Entstehung der Welt gegeben haben. Schließlich kann ich einen Zeitpunkt nur dort setzen, wo schon Zeit vorhanden ist, also etwas passiert. Der Urknall selbst muss also außerhalb der Zeit geschehen sein, doch mit ihm entstand die Zeit. Der Beginn der Welt liegt im Dunkel einer Beginnlosigkeit. So scheußlich sich dieser Satz

auch anhört, er trifft den ganzen aberwitzigen Weltbe-
ginn doch irgendwie – wie ein Pfeil, der vom Ziel ab-
prallt, bevor er es berührt hat.

Hier wird die ganze Sache nun wirklich verwirrend:
Der Urknall, mit dem die Welt begann, war also gar
nicht das erste Ereignis des Universums, denn Ereignisse können immer nur dort stattfinden, wo schon etwas ist; sie geschehen in Zeit und Raum. Die Welt ist
somit nicht in Zeit und Raum entstanden und Zeit und
Raum waren nicht vor der Welt da. Zeit und Raum sind
streng genommen nicht im Urknall entstanden, also am
Punkt Null, sondern ganz ganz kurz nach dem Urknall,
sozusagen kurz nach Null. Der Zustand des Universums
unmittelbar nach dem Urknall muss so extrem gewesen
sein, dass Zeit und Raum wahrscheinlich gar nicht un-
terscheidbar waren. Die Zeit war vermutlich Raum und
der Raum war Zeit.

Mag der Urknall selbst ein unlösbares Rätsel bleiben – weil ihn die Physik im Grunde gar nicht erlaubt –, so ist die moderne Physik dennoch in der Lage,
den Beginn der Zeit und des Raums exakt festzule-
gen. Aus dem Wert der Vakuumlichtgeschwindigkeit
(ca. 300 000 Kilometer pro Sekunde) und anderen
Grundgrößen der Natur ergibt sich ein Zeitpunkt nach
dem Urknall, mit dem die mathematisch beschreibbare
Welt beginnt: 10^{-43} Sekunden (eine 1 geteilt durch eine
1 mit 43 Nullen!). Die Zeit hat sich also nicht exakt bei
Null »eingeschaltet«, sondern einen unbeschreiblich
winzigen Augenblick später. Davor (von 0 bis 10^{-43} Sekunden) gab es keine Zeit – und somit auch keinen

Raum. Es muss ein Zustand absoluter Formlosigkeit
gewesen sein.

Aus dieser Erkenntnis folgt mit zwingender Notwendigkeit, dass es keine kleinere Zeiteinheit als 10^{-43} Sekunden geben kann. Jeder Vorgang im Universum dauert
mindestens 10^{-43}·Sekunden. Innerhalb von 10^{-43} Sekunden passiert nichts. Das ist der absolut kleinste Teil
der Zeit. Die Zeit fließt also nicht bruchlos dahin, sondern verstreicht in winzigen Sprüngen oder Zeitporti-
onen. Die Zeit vergeht ruckweise. Die Sprünge sind
freilich so unvorstellbar klein, dass man sie nicht wahrnehmen kann. Und – was auch wichtig ist – diese Zeit-
sprünge führen stets in die Zukunft, niemals in die Ver-
gangenheit. Die Zeit hat einen Richtungspfeil und dieser
weist in die Zukunft.

Unlösbar verknüpft mit dieser ersten möglichen Zeit-
angabe im Universum ist die erste und damit kleinste
Raumgröße. Sie ergibt sich aus der Strecke, die das Licht
in 10^{-43} Sekunden zurücklegt, nämlich 10^{-33} Zentimeter.
Man könnte also sagen: 10^{-43} Sekunden nach dem Urknall hatte das Universum einen Durchmesser von
10^{33} Zentimetern. Die gesamte Masse und Energie des
Universums war auf diesen winzigen Raum, der viel viel
kleiner als ein Atom war, zusammengepresst. Dieses
winzige, formlose und gleichmäßige Universum war
extrem heiß. Es hatte eine Temperatur von 10^{32} Grad.
Die Welt war zu Beginn buchstäblich eins. In diesem
gemeinsamen Ursprung war alles extrem dicht beisammen, so gleichmäßig wie nur irgend möglich. Es gab
noch keinerlei Form, nicht mal in Gestalt von Atomen.

Es gab somit auch keine Eigenschaften. Im Urknall existierte im Grunde nichts weiter als diese eine fundamentale Idee, dass alles so dicht und so gleichmäßig wie möglich sei.

So sah also vermutlich der Anfang der Welt aus, der Anfang all der Stoffe, aus denen Sterne, Planeten und auch das Leben gemacht sind, alles, was unseren Alltag ausmacht, was uns umgibt und was wir sind bis in unser Bewusstsein hinein. Haben wir damit die alltäglichste aller Alltagsfragen beantwortet, jene nach dem Ursprung aller Tage? Gewiss nicht. Es sei denn, wir begnügen uns mit der Antwort: Weil es den Urknall gab. Eine andere Antwort erlaubt die Physik nicht. Aber die Physik ist auch nicht alles; schließlich gibt es ja noch Philosophie und Theologie und die bieten andere Antworten an. Was die Theologen betrifft, so haben sie letztlich aber auch keine anderen Vorstellungen vom Anfang der Welt als die Physiker. Statt »Urknall« sagen sie »Gott«. Mit Gott als Welterschaffer sind die Theologen fein raus. Denn ein Gott braucht nichts, um aus nichts alles zu erschaffen. Dieses zu können, weist ihn ja gerade als göttliches Wesen aus. Gott als Schöpfer hat so wenig Eigenschaften wie der Urknall. Beide liegen jenseits aller menschlichen Vorstellungskraft.

Jedenfalls waren im Urknall schon alle Möglichkeiten angelegt, um die unendliche Vielfalt der Welt hervorzubringen bis hin zu jenem Wesen, das sich fragt, warum es die Welt gibt und was es mit seinem kleinen Leben auf unserem unbedeutenden, aber wunderschönen Planeten anfangen soll.

Warum fallen die Dinge nach unten und nicht nach oben?

Erstaunlicherweise hat die Wissenschaft auf diese so simpel scheinende Frage bis heute keine endgültige Antwort gefunden. Sie kann zwar sagen, dass der Apfel zu Boden fällt, weil er von der Erde angezogen wird, sie kann auch genau sagen, mit welcher Kraft er angezogen wird, doch wie diese Kraftübertragung vor sich geht, womit die Erde also zieht, das ist eine offene Frage.

Aber nicht nur die Erde zieht andere Dinge an, sondern alle Materie im Universum tut das, egal, wie groß ein Materiebrocken ist. Da diese Anziehungskraft, Gravitation genannt, jedoch eine sehr schwache Kraft ist, wirkt sie sich erst bei sehr großen Materieansammlungen, etwa den Galaxien, Sternen, Planeten und Monden spürbar aus.

Streng genommen ist es also so, dass nicht nur die Erde den fallenden Apfel anzieht, sondern der Apfel zieht seinerseits die Erde zu sich hin. Doch fällt die Apfelanziehungskraft wegen der geringen Masse des Apfels im Vergleich zur Erdanziehungskraft nicht ins Gewicht; man kann sie getrost vernachlässigen, was nicht heißt, dass sie nicht vorhanden wäre. Mit Hilfe des Newtonschen Gravitationsgesetzes kann man sogar berechnen, um wie viel sich die Erde zum fallenden Apfel hin bewegt. Die Rechnung ergibt, dass die Erde sich um weniger als den Durchmesser eines Atomkerns bewegt. Zweifellos eine vollkommen belanglose Rechnung, aber dennoch korrekt.

Letztlich wird im Universum alles von allem angezogen, da die Gravitation eine unendliche Reichweite hat, wobei sie allerdings im Quadrat der Entfernung abnimmt. Verdopple ich die Entfernung zwischen zwei Körpern, so verringert sich deren gegenseitige Anziehungskraft auf ein Viertel. Alle Körper, auch die Sterne der fernsten Galaxien, üben in jedem Augenblick eine Kraft auf uns aus. Aber auch das Haus, in dem ich mich befinde, ebenso die Bäume vor dem Haus, ja selbst das Buch vor mir auf dem Schreibtisch – alles übt eine Gravitationskraft auf mich aus – und ich umgekehrt auf alles. Wir leben in einer anziehenden Welt im wahrsten Sinn des Wortes.

Doch alle diese Anziehungskräfte in unserer direkten Umgebung sind absolut unbedeutend im Vergleich zu jener der Erde – eben weil sie so groß ist. Ihre Anziehungskraft übt die Erde nicht irgendwie aus, sondern streng genommen ist es der Erdmittelpunkt, von dem diese rätselhafte Kraft ausgeht. Alles auf der Erde wird zum Erdmittelpunkt gezogen. Das hat mit der Kugelform der Erde zu tun, die aber ihrerseits nur die Folge der Gravitation ist. Bei kosmischen Körpern, die keine Kugelform aufweisen, gibt es auch keinen zentralen Punkt, von dem die Gravitationskraft ausgeht. Das gilt zum Beispiel für die sogenannten Asteroiden, kleine Himmelskörper, die vor allem zwischen Mars und Jupiter ihre Bahnen um die Sonne ziehen. Die Gravitationskräfte dieser relativ kleinen, unregelmäßig geformten Himmelsobjekte – sie messen zwischen einem und mehreren hundert Kilometern im Durchmesser – sind zu schwach, um sie auch nur annähernd in eine kugelige Form zu bringen. So zeichnet die Asteroiden ein verblüffender Gestaltreichtum aus; sie

ähneln Bohnen, Erdnüssen oder Kartoffeln, andere sehen
aus wie Backenzähne oder Totenschädel. Wegen dieser
Unregelmäßigkeit in der Form ist die örtliche Schwerkraft
an einem beliebigen Oberflächenpunkt meist nicht zum
Massenmittelpunkt gerichtet. Zusammen mit den Flieh-
kräften, die durch die Eigendrehung dieser Himmelskörper erzeugt werden, können deshalb sonderbare Effekte
entstehen. Auf einem Asteroiden könnte ein Apfel theoretisch auch einen Berg »hinauffallen«. Die Anziehungskraft dieser Kleinplaneten ist so gering, dass ein Mensch
auf ihnen nur einige hundert Gramm wiegen würde. Er
könnte von ihren Oberflächen problemlos in den Weltraum springen – auf Nimmerwiedersehen. Ein vorsich-
tiger Hopser könnte einen auf eine chaotische Umlaufbahn tragen, bis man nach einigen Tagen langsam wieder
auf die Oberfläche zurücktaumelte. Und ein mit wenig
Kraft nach vorn geworfener Apfel träfe einen vielleicht
nach geraumer Zeit am Hinterkopf. Selbst die vorsich-
tigsten Schritte würden gehörig Staub aufwirbeln; dieser
würde tagelang über dem Boden schweben, ehe er sich
auf ihn niedersenkte. Dabei muss man freilich hinzu-
fügen, dass hier ein Erdentag gemeint ist, denn Asteroiden-
tage dauern oft nur wenige Stunden, bei manchen aber
auch mehrere Tage oder gar Wochen, je nachdem wie
schnell er sich um sich selber dreht.

Nun sind wir von unserem irdischen Apfel, der zu
Boden fällt, etwas abgeschweift, nämlich gleich Millionen
von Kilometern in den Weltraum hinaus. Aber das macht
nichts, denn kosmisch betrachtet ist die Erde selbst nichts
anderes als ein Apfel – einer unter Milliarden.

Warum funkeln die Sterne?

Jeder von uns kennt den erhabenen und erhebenden Anblick des Sternenhimmels bei klarer Nacht, fern von allen künstlichen Lichtquellen. Neben der unvorstellbaren Zahl der Sterne, die sich vor dem schwarzen Hintergrund abzeichnen – tatsächlich sind es aber nur 5000 bis 6000, die man mit bloßem Auge sehen kann –, ist es vor allem ihr Funkeln, das diesen Anblick so bezaubernd macht. Tausende kleine Blinklichter! Als wollte uns jeder Stern eine geheime Botschaft per Morsezeichen übermitteln. Ohne ihr Funkeln rückten die Sterne noch weiter von uns fort, ja sie wären gar keine Sterne, sondern einfache, unterschiedlich große starre Lichtpunkte.

Das Funkeln der Sterne ist nur schöner Schein. Sterne funkeln nicht, was jeder Weltraumfahrer bestätigen wird. Das Gefunkel ist nur eine Folge der Erdatmosphäre, genauer: der Bewegungen der Luftmassen über uns. Das Durcheinander der Staub- und Gasmoleküle in den Luftschichten bringt das einfallende Licht der Sterne zum Zittern.

Einem genauen Beobachter wird nicht entgangen sein, dass jene Sterne, die nah am Horizont stehen, stärker funkeln als jene hoch oben im Zenit. Das hat damit zu tun, dass die Lichtstrahlen am Horizont stärker gebrochen werden. Das Licht durchquert dort die tieferen Schichten der Atmosphäre, wo die Luft ganz allgemein dichter, aber auch wärmer ist. Das heißt: Dort bewegen sich die Luftmoleküle heftiger. Auch ist die Luft in den unteren Schichten ungleichmäßiger in ihrer Dichte. Schichten unterschiedlicher Temperatur kommen dort nebeneinander vor; es bilden sich großräumige Schlieren aus warmer und kalter Luft. Diese erzeugen die Luftwellen und -wirbel. So werden die einfallenden Lichtstrahlen der Sterne vor allem in Horizontnähe ungleichmäßig abgelenkt und treffen somit auch nicht gleichmäßig parallel auf die Netzhaut unserer Augen. Diese Ungleichmäßigkeit *ist* das Flimmern. Hinzu kommt, dass die verschiedenen Luftschichten auch noch durch den Wind bewegt werden. In den höheren Schichten der Atmosphäre ist die Luft durchschnittlich viel ruhiger. So kann man im Zenit bestenfalls ein gerade noch wahrnehmbares Funkeln der hellsten Sterne erwarten.

Würde man langsam, etwa mit einem Ballon, in die Atmosphäre aufsteigen, könnte man sehen, wie das Sternenfunkeln immer schwächer wird, bis es endlich in etwa 30 Kilometer Höhe ganz aufhört.

Es gibt Nächte, in denen die Sterne besonders intensiv funkeln: bei niedrigem Luftdruck, niedriger Temperatur, hoher Luftfeuchtigkeit und mittlerer Windstärke. Aber zahllose andere Faktoren, die alle in komplizierten Wechselwirkungen zueinander stehen, bestimmen die Intensität des Sterngefunkels.

Interessant ist auch die Beobachtung, dass das Funkeln in der Nähe von Wolken zunimmt. Das weist daraufhin, dass dort Luftschichten mit unterschiedlicher Temperatur dicht beieinander liegen. Weitgehend rätselhaft ist die Beobachtung, dass rötliche Sterne weniger funkeln als weiße, und dass das Funkeln am Nordhimmel am stärksten ist.

Wer sich die Sterne ganz genau ansieht, wird feststellen, dass sie nicht nur funkeln, sondern auch ihre Farbe ändern. Das hat damit zu tun, dass die Luftschlieren die verschiedenen Farbanteile des Lichts unterschiedlich stark brechen. So kann es zum Beispiel sein, dass eine Luftschliere den violetten, also energiereicheren Lichtanteil ablenkt, den roten, energieärmeren jedoch nicht. Solche Farbwechsel bei Sternen kommen allerdings nur in Horizontnähe vor.

Am schönsten funkelt der hellste von der Erde aus beobachtbare Stern, Sirius, der in unseren Breiten im Winter sehr gut zu beobachten ist. Er »läuft« nahe am südlichen Horizont dem Orion, unserem beherrschenden Wintersternbild, hinterher. Beobachtet man Sirius mit einem gewöhnlichen Fernglas, ist das Schauspiel seines Funkelns noch beeindruckender. Manchmal – bei besonders großen Luftschlieren in den unteren Atmosphäreschichten – scheint Sirius für Sekundenbruchteile zu verlöschen, so heftig ist sein Funkeln. Ebenso heftig ist sein Farbenspiel. Beeindruckend ist auch das Funkeln des Siebengestirns, der sogenannten Plejaden. In diesem Sternbild, das ebenfalls im Winter zu beobachten ist und zwar hoch am südlichen Nachthimmel, stehen sieben helle Sterne ganz nah beieinander, sodass man an ihrem zusammenhängenden Funkeln das Vorüberziehen der einzelnen Luftschlieren erkennen kann.

Interessant ist auch, dass die Planeten am Nachthimmel wesentlich weniger funkeln als die Fixsterne, ob-

wohl sie sonst dem bloßen Auge als Sterne unter Sternen
erscheinen. An ihrem schwächeren Funkeln kann man
die Planeten also sehr leicht als »falsche Sterne« erkennen, vor allem natürlich die hellsten unter ihnen: Mars,
Venus, Jupiter und Saturn. Ursache für das schwächere
Funkeln der Planeten ist deren relativ große Nähe. Die
Sterne sind ja eigentlich alle punktförmig; sie erscheinen
nur dem Auge als winzige flackernde Scheiben. Die Planeten hingegen sind für das Auge wirkliche kleine
Scheiben; sie haben, im Vergleich zu den Sternen, einen
200- bis 1000-mal so großen scheinbaren Durchmesser
wie die Sternpunkte. So ist ja auch niemand darüber
erstaunt, dass der Mond überhaupt nicht funkelt. Es
funkeln streng genommen immer nur punktförmige
Lichtquellen. Die Oberfläche eines Planeten am Nachthimmel kann man sich demnach als eine aus vielen
Lichtpunkten zusammengesetzte Lichtquelle vorstellen,
wobei die einzelnen Lichtpunkte unabhängig voneinander funkeln. Man sieht gewissermaßen nur die annähernd konstante Summe aller funkelnden Einzelpunkte, die unser Auge als solche nicht wahrnimmt.

Warum ist die Erde ein Magnet?

Jeder weiß, was ein Magnet ist: ein metallischer Körper, der in seiner Umgebung ein Magnetfeld erzeugt. Dieses entspringt fast vollständig zwei Bereichen an seinen Enden, den sogenannten Magnetpolen. Hängt man einen stabförmigen Magneten frei beweglich im Raum auf, dann richtet er sich so aus, dass der eine Pol stets nach Norden zeigt (Nordpol), der andere nach Süden (Südpol). Offensichtlich befindet er sich im Kraftfeld eines anderen, weitaus stärkeren Magneten, von dessen Kraftlinien er ausgerichtet wird. Dieser Magnet ist kugelförmig, hat einen Durchmesser von 12 700 Kilometern und wird Erde genannt.

Wir leben auf einem magnetischen Planeten. Ohne das Magnetfeld der Erde gäbe es uns gar nicht; es gäbe überhaupt kein Leben auf ihr. Denn die Sonne, dieses gigantische Atomkraftwerk, schickt unentwegt einen Strom geladener Teilchen (Elektronen und Protonen) in den Weltraum. Dieser sogenannte Sonnenwind würde das Gewebe von Organismen zerstören. So aber gelangt er erst gar nicht bis zur Erdoberfläche. Er wird durch das Magnetfeld abgeschirmt. Geladene Teilchen können diesen Schutzschirm nicht durchdringen.

Doch wie erzeugt die Erde ihr Magnetfeld? Magnete sind doch aus Eisen. – Und genau davon hat die Erde jede Menge in ihrem zähflüssigen Innern. Nach der gängigen Theorie besteht nämlich der äußere Erdkern vorwiegend aus Eisen – zusammen mit Nickel – und hat eine Temperatur von 4000 Grad Celsius. Bei dieser Temperatur ist Eisen zähflüssig. Dieser kugelschalenförmige Bereich, der sich 3000 bis 5000 Kilometer unter der Kruste ausdehnt, wird von weiter innen durch den noch heißeren, aber festen Erdkern erhitzt. Der unvorstellbar hohe Druck lässt den innersten Teil des Erdkerns trotz der hohen Temperatur erstarren. Ähnlich wie bei kochendem Wasser, das in einem Topf auf der Herdplatte steht, steigen im zähflüssigen Magma Blasen nach oben, wobei sie langsam erkalten und wieder nach unten sinken. Gleichzeitig wirkt auf die zähe Eisenmasse parallel zu den Breitengraden die sogenannte Corioliskraft, die als Folge der Erddrehung entsteht und somit der Fliehkraft ähnlich ist. Diese beiden Kräfte zwingen das Magma auf schraubenförmige Bahnen innerhalb von zylinderförmigen Walzen, die parallel zur Erdachse liegen. Ist das Material in einer solchen spiraligen Strömung elektrisch leitend – was beim Eisen der Fall ist –, kann es von selbst ein Magnetfeld erzeugen und aufrechterhalten. Die Erde ist somit ein sich selbst erzeugender Dynamo.

Der Erddynamo springt aber erst an, wenn das flüssige Magma sich schnell genug auf seinen schraubenförmigen Bahnen bewegt. Das dadurch entstehende Magnetfeld kann auch nur aufrechterhalten werden, wenn im Erdkern unablässig Energie in das Magma eingespeist wird.

Das Erdmagnetfeld bleibt aber nicht für alle Zeiten exakt gleich. Innerhalb großer Zeiträume von mehreren hunderttausend Jahren kommt es zu Schwächungen des Erdmagnetfelds, die zu Umkehrungen der magnetischen Pole führen; diese dauern allerdings immer nur wenige tausend Jahre. Ursache dafür sind auftretende Temperaturunterschiede im Magma, die die Strömungsmuster durcheinanderbringen, was schließlich zur Umpolung führt.

Tatsächlich deuten Erdmagnetfeldmessungen, die seit 1829 regelmäßig durchgeführt werden, auf eine langsame Schwächung des Erdmagnetfelds hin; diese geht mit einer leichten Verschiebung der Pole einher. So ist der Nordpol in diesem Zeitraum um mehrere hundert Kilometer in Richtung Kanada gewandert. Es könnte also durchaus sein, dass sich eine neuerliche Umpolung des Erdmagnetfelds anbahnt. Die letzte liegt etwa 780 000 Jahre zurück, wie man durch Untersuchungen der metallischen Eigenschaften von Lavagestein aus verschiedenen Erdzeitaltern feststellen konnte.

Wir brauchen uns allerdings keine Sorgen über diese Schwächung des Magnetfelds zu machen; das Leben auf der Erde ist dadurch nicht gefährdet. Mit einer Umpolung ist ohnehin erst in rund 2000 Jahren zu rechnen. Wer weiß, ob es die Menschheit dann noch gibt.

Warum dreht sich die Erde –
und wie lange noch?

Die Frage, warum sich die Erde dreht – und zwar um
sich selbst und um die Sonne –, ist leicht zu beantworten: weil sich alles im Universum dreht. Drehung ist
gewissermaßen die Urbewegung aller Materie. Innerhalb der Galaxienhaufen trudeln die Galaxien ziemlich
ungeordnet durcheinander, wobei es auch zu Zusammenstößen kommen kann. Durchschnittlich passiert in
einem Galaxienhaufen alle 500 Millionen Jahre ein Zusammenstoß zwischen zwei Galaxien. Solch ein Zusam-
menprall erstreckt sich selbst wieder über viele Millionen Jahre. Dabei können Galaxien miteinander
verschmelzen oder einander durchdringen, wobei eine
der anderen auch Sterne entreißen kann. Das hört sich
dramatisch an, ist aber für die Sterne selbst vollkommen
folgenlos wegen der unvorstellbar großen Abstände zwischen ihnen. Bei Zusammenstößen zwischen Galaxien
kommt es niemals zu Kollisionen zwischen Sternen.

Auch unsere Milchstraße wird in ferner Zukunft
einen intergalaktischen Zusammenstoß erleben und
zwar mit der Andromedagalaxie. Kosmisch betrachtet befinden sich beide Galaxien nämlich in Tuchfüh-
lung zueinander. Messungen haben ergeben, dass sich
unsere Milchstraße und die Andromedagalaxie mit
etwa 200 Kilometer pro Sekunde aufeinander zube-
wegen. Daraus folgt mit zwingender Notwendigkeit,
dass sie in etwa 3,7 Milliarden Jahren zusammensto-
ßen werden.

Während sich die Galaxien eines Haufens durcheinander und umeinander bewegen, drehen sie sich auch noch wie Kreisel um sich selbst, allerdings wie äußerst müde Kreisel: Eine Umdrehung dauert 250 Millionen Jahre. Seit unsere Galaxis besteht, hat sie sich erst rund 50-mal um ihre eigene Achse gedreht.

Das Um-sich-selber-Drehen ist, wie gesagt, eine Grundbewegung der Materie. Von den kleinsten Einheiten – den Elementarteilchen – bis zu den größten – den Galaxien – dreht sich alles um sich selbst. Diesen Eigendrall, den die Physiker mit dem englischen Wort »spin« bezeichnen, scheint die Materie vom Urknall mitbekommen zu haben. Wenn schon die Bausteine der Atome einen »spin« haben und sich damit durch den luftleeren kosmischen Raum bewegen, dann haben notgedrungen auch all jene Gebilde einen Eigendrall, die sich im Lauf der kosmischen Entwicklung aus Atomen zusammengesetzt haben. So könnte man denken. Tatsächlich aber vermag die Physik nicht zu erklären, wieso sich Planeten wie die Erde, oder Sterne wie die Sonne um ihre eigene Achse drehen. Sie tun es einfach. Um in der Umlaufbahn um die Sonne zu bleiben, müsste sich die Erde gar nicht um sich selber drehen. Aber das ist in der Naturwissenschaft oft so: Man weiß, *dass* etwas so ist, wie es ist, aber man weiß nicht, *warum* es so ist. Kann sein, dass der Mensch niemals genau wird sagen können, wieso die Steinkugel, auf der er lebt, um sich selber rotiert.

Auch unsere Sonne dreht sich um sich selber, allerdings ziemlich langsam: nur einmal in rund 25 Tagen. Die Erde braucht, wie wir alle wissen, nur 24 Stunden für eine Umdrehung. Der Mond dreht sich noch lang-samer als die Sonne; er benötigt für eine Drehung um sich selber genau 27 Tage, 7 Stunden und 43 Minuten – und damit exakt so lang, wie er für eine Umrundung der Erde braucht. Deshalb kehrt er uns auch ständig dieselbe Seite zu, scheint also von der Erde aus in sich zu ruhen.

Aber es gibt in unserem Sonnensystem noch wesent-lich langsamere Eigendrehungen von Planeten. Merkur benötigt 59 Tage, die Venus 243 Tage für eine Rotation. Mars und Jupiter hingegen zeigen wieder raschere Eigendrehungen: Mars ist etwa so schnell wie die Erde, der riesige Jupiter jedoch braucht nur knapp 10 Stunden für eine Rotationsperiode. Etwa mit dem gleichen Tempo wirbelt Saturn um seine eigene Achse.

Man kann davon ausgehen, dass sich alle Galaxien, Sterne, Planeten und anderen Himmelsobjekte um sich selber drehen, seit es sie gibt. Die weitaus interessantere Frage aber ist, wie lange sie das noch tun werden. Bis in alle Ewigkeit, so ist zu vermuten. Das könnte zumindest für die Galaxien gelten. Was die Sterne betrifft, so weiß man, dass sie irgendwann ihren Brennstoff verbraucht haben werden und, je nach Größe, in einem sogenann-ten Weißen Zwerg, einem Neutronenstern oder einem Schwarzen Loch enden werden. Aber auch diese »toten Sonnen« werden weiter vor sich hin rotieren, zum Teil mit irrsinnigen Geschwindigkeiten. Der schnellste Neu-tronenstern, den man bislang entdeckte, dreht sich drei-ßigmal pro Sekunde um sich selber.

Das alles kann uns ziemlich gleichgültig lassen, so-lange wir sicher sein können, dass sich die Erde noch ein Weilchen in dem Tempo dreht, das wir von ihr gewohnt sind, also einmal pro Tag – und die Sonne noch etwa 4 bis 5 Milliarden Jahre scheint, ehe sie zu einem Weißen Zwerg zusammenstürzen wird. Es wäre ziemlich ärgerlich, wenn die Erde aus irgendeinem Grund plötzlich aufhörte, sich zu drehen. Dann gäbe es auf einer Hälfte der Erdkugel nur noch Tag, auf der anderen nur noch Nacht. Alles Leben würde wahrscheinlich verlöschen, zumindest das höher entwickelte. Damit ist freilich nicht zu rechnen. Dennoch denken Physiker ernsthaft darüber nach, ob und wann die Erde aufhören wird, sich zu drehen.

Um es gleich zu sagen: Eine endgültige Antwort auf diese Frage gibt es nicht. Sicher ist nur, dass die Erddrehung nur durch einen Widerstand abgebremst werden kann. Doch im luftleeren Weltraum, durch den die Erde fliegt, gibt es keinen Widerstand. Dennoch wird sich die Erde womöglich nicht ewig drehen, und zwar deshalb nicht, weil sie kein starrer Körper ist. Sie gleicht eher einer Praline mit zähflüssigem Inhalt. Genauer: Die Erde hat eine zähflüssige mittlere Schicht, Magma genannt, die den metallischen Erdkern umgibt. Die Magmaschicht ist von einer dünnen Kruste überzogen. Darüber erstreckt sich eine ebenso dünne Gashülle. In allen diesen Schichten kommen die vielfältigsten Bewegungen vor; diese verlaufen zum Teil in entgegengesetzter Richtung zur Bewegung der Erdoberfläche. Und weil alle diese Schichten gleichsam übereinander schwimmen und unterschiedliche Bewegungen vollführen, stellt die Erde alles andere als eine starre Steinkugel dar.

Allerdings: Was auf der dünnen Erdkruste an Bewegungen stattfindet – in der Kruste selbst, aber vor allem in den Ozeanen, die die Erde zu drei Vierteln bedecken –, ist in seiner ganzen Komplexität nicht zu erfassen.

In den Ozeanen wirken vor allem die Gezeitenkräfte, die als Ebbe und Flut sichtbar sind: ein gleichmäßiges Hin- und Herschwappen gewaltiger Wassermassen. Und vor allem dieses schwappende Wasser wird dazu führen, dass der Erde ganz langsam die Kraft zur Eigendrehung schwindet. Das ist wie bei einer gefüllten Wasserschüssel: Rüttelt man an ihr, sodass das Wasser hin und her schwappt, und versucht anschließend, sie zu schieben, so wird man feststellen, dass dazu mehr Kraft nötig ist als wenn das Wasser im Gefäß stillsteht.

Aus genau diesem Grund dreht sich die Erde tatsächlich immer langsamer; das schwappende Wasser bremst sie ab. Der Bremseffekt ist zwar äußerst gering, aber dennoch messbar. Die Erde dreht sich pro Jahr um etwa eine Sekunde langsamer um sich selbst. Dadurch dauert jedes Jahr im Vergleich zum Vorjahr eine Sekunde länger. Kürzlich haben Forscher in Computermodellen berechnet, dass sich sogar der Anstieg des Kohlendioxids in der Atmosphäre auf die Länge der Tage auswirkt, allerdings nur minimal: Pro Jahr wächst die Tageslänge dadurch um etwa eine Millionstel Sekunde. Aus diesen unterschiedlichen Gründen müssen die Zentraluhren der Welt auch immer wieder nachgestellt werden. Über Zeiträume von vielen Millionen Jahren verlangsamt sich die Erdrotation um Stunden. So hatte zur Zeit der Saurier ein Tag nur 23 Stunden. Irgendwann wird ein Erdentag 25 Stunden dauern, dann 26 und so weiter. Immer länger und länger werden die Tage werden, weil sich die Erde langsamer und langsamer drehen wird – bis sie irgendwann in unvorstellbar ferner Zukunft zum Stillstand kommt. Gottlob braucht uns das nicht zu bekümmern. Dann wird es nämlich längst keine Menschen mehr auf der Erde geben.

Wie ist das Meer entstanden?

Wenn es regnet, entstehen Pfützen. Wenn es lange regnet, entstehen Tümpel und Seen. Wenn es sehr sehr lange regnet, und zwar überall auf der Erde, viele Millionen Jahre lang, dann entsteht ein Meer.

Regen tritt immer dann auf, wenn in der Atmosphäre befindlicher Wasserdampf abkühlt und zu Wassertröpfchen kondensiert. Diese fallen dann wegen ihres Gewichts zur Erde. Man kann also davon ausgehen, dass sich das Wasser des Weltmeers – und natürlich auch das Wasser aller Seen und Flüsse der Erde – vor sehr langer Zeit als Wasserdampf in der Atmosphäre befunden hat. Eine Art Urweltsauna muss das gewesen sein.

Anfangs war die Erde ein glutflüssiger Ball. Dem glühenden Gestein entströmten riesige Mengen von Gasen, vor allem Kohlendioxid (CO_2), Stickstoff (N_2), Ammoniak (NH_3), Schwefeldioxid (SO_2), Salzsäure (HCl) und gewaltige Mengen von Wasserdampf (H_2O). Wie aber kam dieses Wasser ins Gestein?

Nun, Sterne – mitsamt ihren Planetensystemen – entstehen innerhalb riesiger kosmischer Staubwolken. Diese sind gewissermaßen die Abfallprodukte explodierter Sterne einer früheren Sterngeneration. Diese Wolken bestehen hauptsächlich aus Staubteilchen, die die Größe von Zigarettenrauchpartikeln haben (etwa 0,2 Tausendstel eines Millimeters). Jedes Staubkörnchen enthält einen winzigen festen Kern aus Silikaten; das sind Verbindungen aus Silicium, Magnesium und Eisen. Um diesen Kern legt sich ein Mantel aus Eis und organischen Stoffen.

Atome wie Wasserstoff, Sauerstoff, Kohlenstoff oder Stickstoff treiben überall durch den sonst leeren Weltraum – der von daher nicht vollkommen leer ist. (Dennoch kann man getrost von »leer« sprechen, denn in einem »Weltraumwürfel« von hundert Metern Kantenlänge finde man im Durchschnitt nur ein einziges Staubkörnchen.) Und diese Atome heften sich an die eisige Oberfläche der Staubkörner, ähnlich wie Wasserdampf auf kalten Fensterscheiben kondensiert und anfriert.

Auch unser Sonnensystem ging aus solch einer riesigen Gas- und Staubwolke hervor, die sich über lange Zeiträume unter ihrer eigenen Schwerkraft zusammengezogen und verdichtet hat. Doch das ist nur die halbe Antwort auf die Frage, woher das Wasser auf unserer Erde kommt. Der Hauptanteil, so vermuten die Forscher, stammt wahrscheinlich von Kometen, die während der Frühzeit der Erde in großer Zahl auf sie gestürzt sind. Auch die Kometen sind Überbleibsel des Urnebels, jener Wolke aus Gas und Staub, aus der sich unser Sonnensystem gebildet hat. Kometen sind ja nichts anderes als riesige schmutzige Schneebälle. Die verirren sich heute nur noch selten in Sonnennähe; vielmehr umkreisen sie die Sonne, weit außerhalb der Planetenbahnen in der sogenannten Oortschen Wolke und im Kuipergürtel.

Wenn wir also im Meer baden, schwimmen wir in geschmolzenen Kometen. Da fügt sich dann Kosmisches zu Kosmischem, denn wir selbst sind ja auch aus Sternenstaub gemacht.

Warum ist das Meer blau?

Wasser ist farblos. Doch wenn wir Wasser malen sollen, wählen wir alle, ohne zu zögern, ein Blau aus dem Farbkasten. Wir malen eigentlich immer das Meer, auch wenn es nur um eine Wasserpfütze geht.

Wenn Wasser farblos ist, dann muss das Blau des Meeres eine Sinnestäuschung, eine Illusion sein. Das Wort »Illusion« (= Täuschung) führt uns in der Tat auf die richtige Gedankenfährte: Das Meer täuscht in der Art eines Spiegels, also durch Reflexion. Es spiegelt das Blau des Himmels wider. Daraus folgt aber, dass wir Regentage am Meer ganz offensichtlich aus unserer Erinnerung ausgeblendet haben. Oder haben wir nicht genau genug hingesehen? Nicht gesehen, dass das Meer an solchen Tagen gar nicht blau ist, sondern ebenso grau wie die Regenwolken über ihm?

Dass das Meer wie ein großer Spiegel funktioniert ist allerdings nur die halbe Wahrheit. Nur ein Teil des einfallenden Lichts wird vom Wasser zurückgeworfen. Der andere Teil dringt in die Tiefe und wird teilweise von dort zurückgestreut. Das Meer hat also neben dem Blau des Himmels, das es zurückstrahlt, auch noch eine »Eigenfarbe«. Gestreut wird das ins Wasser eindringende Licht vor allem durch winzige Schwebstoffe, die vor allem im Oberflächenwasser treiben. Schon deshalb zeigt das Meer meist nicht exakt den gleichen Blauton wie der Himmel darüber.

Der Meeresgrund spielt für die Färbung des Wassers nur in Ufernähe – bis etwa 1 Meter Tiefe – eine Rolle.

Gelber Sand als Untergrund verleiht dem Meer ein wunderbares Grün. Oft ist das Grün vom Blau durch eine scharfe Linie getrennt. Dort bricht der Grund plötzlich in die Tiefe ab und wirft kein Licht mehr nach oben zurück.

Wer die Farbe des Meeres etwas genauer beobachtet, wird feststellen, dass es ein einheitliches Blau nur bei Windstille zeigt, das heißt wenn seine Oberfläche spiegelglatt ist. Meist aber ist die Meeresoberfläche bewegt, sie wellt und kräuselt sich. Dadurch entstehen ständig die verschiedensten Nuancen von Blau, vom »weißlichen« bis zum tintigen. Doch wer ganz genau hinsieht, wird bemerken, dass das Meer ein wahrer Farbenkünstler ist. Es malt gleichsam mit den Farben, die der Himmel ihm schickt, und der ist ja meist nicht von einheitlichem Blau, sondern auf vielfältigste Weise bewölkt. Dann, so könnte man sagen, ist auch der Meeresspiegel bewölkt.

Warum ist der Himmel blau?

Eine andere Farbe als Blau können wir uns für den Himmel nicht vorstellen. Wir sagen »himmelblau« und wissen genau, welcher Blauton damit gemeint ist. Aber vielleicht wäre ein gelber oder roter Himmel auch ganz schön. Statt von »himmelblau« sprächen wir dann von »himmelgelb« oder »himmelrot«.

Die Farbe Blau verbinden wir mit Tiefe, Ferne, Grenzenlosigkeit. Blau ist die Farbe, die vor dem Betrachter zurückweicht; sie entzieht sich ihm. Blau ist sanft, passiv und kalt. Blau rückt in dem Maße von uns fort, wie Gelb, Rot und Orange auf uns zukommen. Und so hat es die Natur mit dem Blau des Himmels ganz weise eingerichtet, denn wer wollte schon unter einem Himmel leben, der sich einem ständig aufdrängt mit einer aggressiven Farbigkeit.

Blau ist die Geistigste unter den Farben, weshalb die Philosophen sie sich als ihre Farbe auserkoren haben. Wir sehen »das Blaue gern an, nicht weil es auf uns dringt, sondern weil es uns nach sich zieht«, meinte Goethe.

Das Blau des Himmels steht in schärfstem Gegensatz zum Gelb der Sonne, worin sich das Warme und Helle vereint. Diesen erregenden Kontrast hat Vincent van Gogh wie kein anderer Maler auf die Leinwand gebannt. Die Sonne könnte nicht herrlicher strahlen als vor blauem Hintergrund. Gelb bildet mit Blau einen starken Kontrast: die heitere, Leben spendende Wärme der Sonne gegen die blaue Kälte des unendlichen Raums. Im Himmelblau zeigt sich das Blau selbst warm und heiter. So ist ein blauer Himmel der Inbegriff des schönen Wetters.

Doch der Himmel zeigt ja nicht immer das gleiche Blau – es ist von Tag zu Tag anders und ändert sich auch mit der Tageszeit. Und schon ahnen wir, dass das mit dem Blau des Himmels gar nicht so einfach ist wie es aufs Erste scheint. Wir haben es nämlich streng genommen mit einer Illusion zu tun. Der Himmel ist nicht blau, er scheint nur blau zu sein. Der Himmel, also dieses »Dort-draußen« des Weltraums ist schwarz. Dennoch, von der Erde aus erscheint der Himmel blau. Auch vom Weltraum aus hat die Lufthülle der Erde eine blaue Farbe. Und nebenbei sei noch erwähnt, dass die Venus einen gelblichen und der Mars einen rötlichen Himmel hat.

Aber es ist nicht so, dass die Erdatmosphäre selbst das Blau erzeugt; die Luft ist farblos. Und dennoch ist das Himmelsblau eine Eigenschaft der Atmosphäre, auch wenn diese selbst farblos ist. Die blaue Farbe entsteht in der Lufthülle durch Streuung des einfallenden Sonnenlichts an den Luftmolekülen. Mit »Streuung« ist gemeint, dass jedes Luftmolekül, das von einer Lichtwelle getroffen wird, selbst wieder zum Ausgangspunkt einer Lichtwelle wird. Diese hat jedoch eine andere Richtung. Lichtstreuung findet also grundsätzlich dort statt, wo Lichtwellen auf winzig kleine Hindernisse prallen.

Man kann selber in seiner Wohnung auf einfache Weise ein blaues Streulicht erzeugen, indem man Rauch in starker Verdünnung gegen eine Lichtquelle bläst: Blauer Dunst entsteht. So nennt man darum auch den Zigarettenqualm.

Die Streuung von Licht an winzigen Teilchen vollzieht sich nach einem strengen physikalischen Gesetz, das der englische Physiker John William Strutt, Lord Rayleigh (1842–1919) formuliert hat; man spricht deshalb auch von der Rayleigh-Strahlung. Dieses Gesetz besagt, dass Licht umso stärker an Molekülen gestreut wird, je kurzwelliger, also energiereicher, es ist. Da Sonnenlicht ein wirres Durcheinander aus unterschiedlichen Wellenlängen (= Farben) ist – vom kurzwelligen Violett und Blau bis zum langwelligen Rot –, werden diese auch unterschiedlich stark gestreut. Der violette und blaue Anteil des Sonnenlichts wird stärker gestreut und im Raum verteilt als der grüne, gelbe oder rote. Die Mischung aus den gestreuten Farben (viel Violett und Blau, wenig Grün und noch weniger Gelb und Rot) ergibt das typische Himmelsblau. Die Streuung durch die winzig kleinen Luftmoleküle ist zwar äußerst schwach, reicht aber wegen der viele Kilometer dicken Lufthülle aus, das helle Blau zu erzeugen.

Die violetten und blauen Lichtwellen, die der Himmel streut, fehlen nun der Sonne, weshalb sie uns in hellgelber Farbe erscheint; die blauen Lichtanteile werden in der Durchsicht gewissermaßen herausgefiltert. Eigentlich strahlt die Sonne in gleißend weißem Licht. Logischerweise erscheint der Himmel zur Tagsonne hin allmählich weißer; der Bereich um die Sonne ist eine gleichmäßig weiße Scheibe. Aber nicht nur in der Umgebung der Sonne erscheint der Himmel weißlich, sondern auch in der Nähe des Horizonts ist das Blau deutlich heller. Dafür sind größere Teilchen in der Luft verantwortlich, die sogenannten Aerosole. Dazu zählen zum Beispiel Staubteilchen, sehr kleine Wassertropfen oder Eiskristalle, aber auch Pflanzenpollen oder Bakterien. Diese befinden sich aber zumeist in Bodennähe. Sie hellen das Blau zum Horizont hin auf. Während längerer Trockenperioden im Sommer, wenn die Atmosphäre bis in höhere Schichten mit Staub angereichert ist, zeigt der ganze Himmel diese weißlich-blaue Färbung. Nach einem Gewitter, wenn die Luft vom Staub wieder gereinigt ist, strahlt der Himmel in einem wunderbar tiefen, satten Azurblau, das auch typisch für das Hochgebirge ist. Denn je höher man steigt, desto geringer wird die Aerosolkonzentration in der Atmosphäre. In großen Höhen, etwa von einem Düsenflugzeug aus, dringt beim Blick zum Zenit bereits die Schwärze des Weltraums durch die ausgedünnte Luftschicht; der Himmel erscheint schwarzblau – »ein tiefes Nichts und darauf eine blaue Tiefe«, wie der Maler Yves Klein gesagt hat.

Die Färbung des Himmels beschränkt sich freilich nicht nur auf Nuancen von Blau, wie jeder weiß, der schon Sonnenauf- oder Sonnenuntergänge erlebt hat. Dicht am Horizont färbt sich der Himmel oft gelb, rot und purpurn. Denn in Horizontnähe muss das Licht einen weiten Weg durch Luftschichten mit hoher Luftdichte zurücklegen. In diesem Fall ist die durchquerte Luftmasse mehr als 30-mal größer als wenn die Sonne im Zenit steht. Das einfallende Licht wird deshalb viel stärker abgebremst, das heißt langwelliger. Die gelbe Sonne färbt sich, je näher sie dem Horizont kommt, rötlich, bis sie blutrot untergeht. Staub, Abgase und Wasserdampf dämpfen das Licht stärker im blauen und violetten Wellenbereich als im roten. Auch das trägt zur Rötung der Sonne bei. Auch der Himmel in der Umgebung der untergehenden Sonne färbt sich rötlich, wofür ebenfalls die Aerosole verantwortlich sind. Je nach Wetterlage ergeben sich die vielfältigsten Farbenspiele, auch am gegenüberliegenden Horizont, dort allerdings weniger intensiv.

Die Aussage, dass der Himmel blau ist, trifft also nur unter bestimmten Bedingungen zu. Blau, so könnte man sagen, ist nur der farbliche Grundzustand des Himmels. Obwohl – die eigentliche Farbe des Himmels ist Schwarz.

Von Formen und Farben – und anderen Illusionen

Was sind Farben?

D ie Welt ist farbig. Farben beeinflussen unsere Stimmung. Farben können uns aufregen oder besänftigen. Wir können uns ihrem Einfluss nicht entziehen. Dass Dinge farbig sind, halten wir für selbstverständlich. Dabei sind Farben eine äußerst rätselhafte Erscheinung, die noch immer nicht bis ins Letzte verstanden ist.

Die Welt ist farbig – aber nur bei Tag. Nachts ist die Welt farblos, oder mit einem bekannten Sprichwort: Nachts sind alle Katzen grau. Die Menschen auch. Nachts ist alle Welt grau, es sei denn, man hat gerade einen farbigen Traum. Doch die sind selten. Meistens träumen wir schwarz-weiß. Träume sind Illusionen, die das Gehirn im Schlaf erzeugt. Somit sind auch die geträumten Farben nichts weiter als Illusion. Das gleiche trifft, so unwahrscheinlich es klingt, auch auf die Farben zu, die uns die Dinge der Welt bei Tag offenbaren. Sie offenbaren etwas, das sie gar nicht haben. Nein, die Dinge selbst haben keine Farben. Erst der Vorgang des Sehens lässt Farbe entstehen, und zwar im Gehirn, dieser genialen und grandiosen Illusionszentrale.

Das muss man sich nochmals laut vorsagen, weil es sich so unwahrscheinlich anhört: Die Dinge sind allesamt farblos; erst unser Gehirn verleiht ihnen Farben. Die Farben entstehen in unserem Kopf, nirgendwo sonst. Farben sind pure Illusion.

Streng genommen sind also Farben keine Eigenschaften der Dinge. Gras *ist* nicht grün, sondern es *erscheint* uns nur grün. Bei andersfarbiger Umgebung und bei verändertem Licht verändern auch die Gegenstände sofort ihre Farben. Farben sind auch keine Eigenschaften des Lichts. Erst wenn das Licht auf Gegenstände trifft, ihm als buchstäblich etwas »entgegensteht«, tritt das Phänomen der Farbigkeit auf. Die Gegenstände spalten das Licht auf, das auf ihre Oberflächen trifft. Denn Licht ist ein chaotisches Durcheinander von elektromagnetischer Strahlung unterschiedlicher Wellenlängen. Einen Teil dieser Strahlung schlucken die Gegenstände, einen anderen Teil werfen sie zurück – in unser Auge. Der zurückgeworfene Anteil erscheint dann als Farbe. Zugespitzt könnte man sagen, dass die Farbe eines Gegenstands gerade *nicht* seine Farbe ist; denn sie zeigt jenen Anteil des Lichts, den der Gegenstand nicht in sich aufgenommen hat.

Bei dem Wort »Farbe« muss man streng genommen immer fragen: Farbe von was? Färbt man Holz, Papier, Seide, Haut, Leinen, Wolle oder Baumwolle mit der gleichen »Farbe« ein, erhält man sieben verschiedene Qualitäten dieser einen »Farbe« und damit sieben grundverschiedene Seheindrücke.

Die Dinge haben also keine Farben an sich, sondern Farben *für den Beobachter*, wobei es durchaus sein kann, dass verschiedene Beobachter ein und demselben Gegenstand unterschiedliche Farben oder zumindest Farbtöne zuordnen. Das hat gewiss jeder selbst schon erlebt: Man weist auf das interessante Grün eines Gegenstands hin und der andere fragt: Was denn für ein Grün? Ich sehe nur ein Blau. Vor allem hat jeder schon erlebt, wie ein Gegenstand ständig seine Farbe verändert, je nach-

dem, wie viel Licht auf ihn fällt. Das eben noch grüne
Laub eines Baums zeigt jetzt, da die Sonne hinter einer
Wolke verschwunden ist, ein tiefes Blau.

Farben sind die Folge eines komplizierten Zusam-
menspiels von Auge, Licht und Gegenständen. Das Farbenspiel der Gegenstände ist wirklich ein Spiel; die Farben spielen mit uns, sie gaukeln eine Wirklichkeit vor,
die im Grunde nur in unserem Hirn existiert.

Farbe lässt sich also rein physikalisch-chemisch gar
nicht fassen. Farbe ist ein Sinneseindruck, vergleichbar
mit Schmerzen. Manche Farben und Farbzusammen-
stellungen »tun weh«, sagen wir, und müssen dabei oftmals feststellen, dass sie einem anderen überhaupt nicht
weh tun, ja dieser sie sogar als angenehm empfindet.
Auch vom Schmerz weiß man, dass er eine höchst in-
dividuelle Angelegenheit ist. Das Sehen von Farben ist
ein geistiger Vorgang, der selbstverständlich physikalischer, chemischer und biologischer Voraussetzungen
bedarf, damit er stattfinden kann.

Rein physikalisch betrachtet ist Farbe das Ergebnis
einer Wechselwirkung von Lichtstrahlen und den Elektronen der jeweiligen Materie, auf die sie treffen. Farben
entstehen physikalisch in den Atomen der Materie, die
uns umgibt. Dabei zeigen die unterschiedlichen Atom-
arten (Elemente) für sie typische Spektren, also Farbzu-
sammensetzungen, sobald sie durch Bestrahlung angeregt werden. Was wir als Licht bezeichnen ist nur jener
winzige Bereich der elektromagnetischen Wellen, für die
die Netzhaut unserer Augen empfindlich ist – ein kleiner
Abschnitt auf dem breiten Band der elektromagneti-

schen Wellen, die von den energiearmen Radiowellen über die Wärmestrahlung und die UV-Strahlung bis zu den hochenergetischen Röntgen- und Gammastrahlen reicht. Auf alle diese Strahlen reagiert unser Auge nicht, wir sehen dieses »Licht« nicht, obwohl es da ist. Sichtbares Licht beschränkt sich auf den engen Wellenbereich zwischen 400 und 750 Nanometer (milliardstel Meter). Zum Vergleich: Radiowellen haben Längen von mehreren Metern, die energiereiche Gammastrahlung nur von einigen billionstel Zentimetern. Bezogen auf das gesamte Wellenspektrum der elektromagnetischen Strahlung schauen wir buchstäblich mit Scheuklappen in die Welt.

Doch dieser enge Ausschnitt reicht aus, um uns die Welt farbenprächtig erscheinen zu lassen. In diesem engen Wellenlängenbereich von etwa 350 Nanometern können Unterschiede von wenigen Nanometern als deutliche Farbunterschiede wahrgenommen werden. Ohne unsere Augen könnten wir nichts sehen, weder Formen, Einzelheiten, Kontraste – und natürlich auch keine Farben. Und dennoch sehen wir, wie schon gesagt, nicht eigentlich mit unseren Augen. Die Augen sind nur die Empfänger der optischen Reize; diese müssen erst im Gehirn zu einer optischen Wahrnehmung, zu einem Bild verarbeitet werden.

Zuständig für die Reizaufnahme im Auge sind Aufnahmezellen der Netzhaut. Von diesen gibt es drei Arten, die man wegen ihres Aussehens »Zapfen« nennt. Jede Art enthält einen anderen Farbstoff (Pigment), der in der Lage ist, einen bestimmten Wellenlängenbereich des Lichts vollständig zu absorbieren, also in sich auf-

zunehmen. Man spricht von Kurz-, Mittel- und Langwellenrezeptoren. Ein Rezeptor ist ein biochemischer
Stoff, der in der Lage ist, äußere Reize aufzunehmen und
umzuwandeln – ein biochemischer Nachrichtenemp-
fänger, wenn man so will. Chemisch sind Rezeptoren
nichts anderes als Proteine, also Eiweißmoleküle, die
für fast alle Sinneswahrnehmungen in den Zellen verantwortlich sind.

Die Kurzwellenrezeptoren sind also zuständig für
das Blau, die Mittelwellenrezeptoren für das Grün und
die Langwellenrezeptoren für das Rot. Erst im Gehirn
werden die eintreffenden Lichtsignale zu den Farben
»gemischt«, je nachdem, welche der drei Rezeptorarten
wie stark gereizt wurden. Dabei kommt es natürlich
zwischen den Rezeptoren zu Überschneidungen.
Schließlich sehen wir ja nicht nur Blau, Grün und Rot.
Angeborene oder erworbene Veränderungen in den
Rezeptoren verfälschen die Informationen der eintreffenden Lichtreize – sogenannte Farbenblindheit tritt
auf, etwa die relativ häufige, vor allem bei Männern
vorkommende Rot-Grün-Blindheit. Diese Defekte liegen also nicht im Gehirn, sondern in den »Zapfen« der
Netzhaut. Wichtig ist – und deshalb wiederholen wir
es –, dass die von den Pigmenten der Zapfen eingesam-
melte Lichtinformation noch nicht die Farbe ist, die
wir sehen. Vielmehr wird diese Lichtinformation,
die auf die Zapfen trifft, mit Hilfe von Proteinen in
ein chemisches Signal umgewandelt. Dieses erzeugt
anschließend über mehrere komplizierte Zwischen-
schritte einen Nervenimpuls, der zum Gehirn weiter-

geleitet wird. Erst dort wird die eintreffende Augeninformation zu einem Farbbild verarbeitet – neben all den anderen Eindrücken, die neben den Farben noch wahrgenommen werden.

Aus all dem folgt, dass es keine vom Beobachter unabhängigen, objektiven Farben gibt. Ein Gegenstand hat erst eine Farbe, sobald jemand da ist, der ihn anschaut. Schauen ihn mehrere Menschen an, so muss er nicht für alle die gleiche Farbe haben. Stelle ich den Gegenstand in eine andere Umgebung, kann es sein, dass sich auch der Farbeindruck ändert, den er im Auge hervorruft. Ein grüner Kreis vor weißem Hintergrund sieht zum Beispiel anders aus als derselbe grüne Kreis vor rotem Hintergrund.

Kurzum: Solange niemand die Welt anschaut, ist sie farblos. Man könnte sogar noch weiter gehen: Solange niemand die Welt anschaut, gibt es sie gar nicht.

Ist damit alles zur Farbe gesagt? Natürlich nicht. Viel zu sagen gäbe es zum Beispiel über den geistigen Gehalt der Farben – hierzu hat Goethe in seiner Farbenlehre Grundlegendes gesagt –, über das Verhältnis der Farben zum Licht einerseits und zur Dunkelheit andererseits, wodurch sie ja erst ihre geistige und künstlerische Bedeutung bekommen.

Warum, so wäre zu fragen, empfinden wir Rot als warm und Blau als kalt, Orange als aggressiv und Grün als beruhigend? Farbe, das wird oftmals übersehen, hat mit der Kultur der Menschen zu tun, die die Farben sehen. Zu fragen wäre also zum Beispiel: Wer hat zu welcher Zeit welche Farben wie definiert? So weiß man, dass

bis zum 17. Jahrhundert in Europa die Farben ganz anders zueinander in Beziehung gesetzt wurden als heute,
obwohl es auch damals schon Regenbögen gab, an denen
man die natürliche Beziehung der Farben hätte ablesen
können. Aber offensichtlich sah man die Regenbogen-
farben anders, was zeigt, dass die Farbwahrnehmung
der Menschen nicht zu allen Zeiten und nicht in allen
Kulturen gleich war. Auf Gemälden des 14. Jahrhunderts
sieht man zum Beispiel Regenbögen mit nur drei oder
vier Farben. So sah man Weiß und Schwarz als vollwer-
tige Farben an und setzte das Rot in die Mitte zwischen
beiden. Orange und Gelb legte man zwischen Weiß und
Rot. Grün und Blau hatten ihren Platz zwischen Rot und
Schwarz. Dadurch kam das Grün direkt neben dem Rot
zu liegen. Über Jahrhunderte wurde das Nebeneinander
von Rot und Grün, das wir heute als scharfen Kontrast
empfinden, nur als ein schwacher Gegensatz aufgefasst.
Grün wurde nicht als eine Mischung von Blau und Gelb
angesehen, sondern als eine primäre Farbe wie das Rot.
Und so wird Grün ja auch heute noch von vielen Menschen empfunden. Ebenso wenig wurde Violett als
Mischfarbe aus Rot und Blau angesehen. Damit hatten
Farben in früherer Zeit ganz andere Bedeutungen, etwa
in der Malerei. Blau galt zum Beispiel im Mittelalter und
noch in der Renaissance als warme, ja sogar wärmste
Farbe. Im Grün erkannte man eine enge Beziehung zu
Blau, aber keinerlei Beziehung zu Gelb. Maler vor dem
17. Jahrhundert mischten nicht Gelb mit Blau, um Grün
zu erhalten, sondern verwendeten von vornherein grüne
Pigmente.

In anderen Kulturen, etwa in Papua-Neuguinea, gibt es den Unterschied von Blau und Grün überhaupt nicht; dort hat man dafür nur ein Wort: »nol«. In der hebräischen Sprache gibt es zum Beispiel kein Wort für Blau, und das Wort für Gelb kann in anderem Zusammenhang auch Grün bedeuten.

Es stellt sich ohnehin die Frage, wie viele Farben es überhaupt gibt. Die Frage ist natürlich falsch gestellt. Es muss heißen: Wie viele verschiedene Farben kann der Mensch wahrnehmen? Nun, bei dieser Frage gehen die Meinungen auseinander. Einige Fachleute gehen von 15 000 bis 20 000 Farben aus, die der Mensch unterscheiden könne. Allerdings weiß man von alten Wandteppichen, die über 35 000 Farbabstufungen enthalten. Deshalb sei es durchaus realistisch, meinen einige Farbforscher, dass die Zahl der vom Menschen unterscheidbaren Farbtöne bei ungefähr 100 000 liege, wobei natürlich Art und Stärke der Beleuchtung von Bedeutung sind. Die Welt der Farben – eine grenzenlose Welt.

Wie entsteht ein Regenbogen?

Mein Herz hüpft auf, seh ich im Blau den Regenbogen
fern«, heißt es in einem Gedicht von William
Wordsworth (1770–1850). Diese Empfindung des Dich-
ters kann wohl jeder bestätigen, was beweist, dass wir
alle in tiefster Seele Dichter sind. Und so wagen wir auch
gleich einen poetischen Satz: Der Regenbogen ist ein
Spiel von Licht in Wassertropfen.

Und weniger poetisch, nämlich physikalisch tro-
cken: Regenbögen entstehen durch die Brechung des
Sonnenlichts an der Grenzfläche zwischen Luft und
Wassertropfen und anschließender Reflexion (Rück-
spiegelung) an der Innenfläche des Tropfens. Ein Regenbogen setzt also eine nicht allzu häufige Wetter-
situation voraus: Es muss regnen und dabei die Sonne
scheinen. Meistens ist es ja so, dass es nicht regnet,
wenn die Sonne scheint.

Regenbögen erscheinen zumeist im Sommer bei
gewittriger Wetterlage, wenn eine Wolkenfront rasch
vorüberzieht und dahinter der Himmel sofort wieder
aufklart. Das alles muss zum Abend hin geschehen,
wenn die nun wieder strahlende Sonne bereits tief im
Westen steht. Von dort waren die Regenwolken heran-
und über uns hinweggezogen. Nun heißt es, nach Osten
zu schauen, wo die Wolken weiter ihre Regenlast zur
Erde schicken. Dort spannt sich mit physikalischer
Gesetzmäßigkeit ein farbenprächtiger, weit ausladender
Regenbogen – und stimmt den Menschen heiter. Regenbögen sind freilich auch morgens kurz nach Sonnenauf-

gang möglich; dann muss man in westliche Richtung schauen und hoffen, dass es dort gerade regnet.

Jetzt versteht man, wieso Regenbögen nicht alltäglich, sondern eher selten sind. Es muss einiges zusammenkommen, damit diese beeindruckende Naturerscheinung entstehen kann. Die Regentropfen, die einen Regenbogen erzeugen, sind meist nicht weiter als ein bis zwei Kilometer vom Beobachter entfernt. Dabei erzeugt der Regenbogen den Eindruck, als sei er sehr weit weg, vor allem dort, wo er den Horizont zu berühren scheint. Dass ein Regenbogen so groß erscheint, liegt zum Teil an der Illusion, er sei sehr weit weg. Unser Gehirn projiziert das Bild des Regenbogens gewissermaßen auf das Himmelsgewölbe und verleiht ihm dadurch eine gewaltige Größe. Dabei ist die Himmelskuppel selbst nichts anderes als eine Illusion. Es wölbt sich ja keine blaue Glaskuppel über uns, deren Krümmung der Regenbogen folgen würde.

Kleinen Kindern erzählt man gern, dass am Ende des Regenbogens ein Topf mit Gold zu finden sei. Daran glauben größere Kinder nicht mehr, aber immerhin sind noch so manche Erwachsene der Meinung, dass es wirklich ein Ende des Regenbogens gebe und man diese Stelle aufsuchen könne. Dort soll ein ganz besonders funkelndes Licht zu sehen sein. Das stimmt natürlich auch nicht. Regenbögen sind nichts Greifbares, sondern einfach nur reflektiertes Licht, das von den Regentropfen in seine Spektralfarben zerlegt wird. Weißes Licht, wie es die Sonne aussendet, ist eine chaotische Mischung von Wellenlängen. Zur Zerlegung des Lichts – man sagt

auch Lichtbrechung dazu – kommt es, weil die Lichtstrahlen beim Übergang von Luft in Wasser abgebremst
werden. Treten sie aus dem Wassertropfen aus, werden
sie wieder schneller. Die im weißen Licht durchmischten
Wellenlängen werden vom Wasser unterschiedlich stark
abgebremst und dadurch entmischt; sie treten in unterschiedlichen Winkeln aus dem Tropfen wieder aus. So
wird etwa der blaue Anteil des Lichts stärker im Wasser
abgebremst als der rote. Man kann es sich so vorstellen,
dass blaues Licht langsamer im Wasser »schwimmt«,
weil es sich mit seiner kurzen Wellenlänge im Durcheinander der dicht gedrängten Wassermoleküle stärker
verfängt. In den weiter voneinander entfernten Molekülen der Luft bleibt Licht aller Wellenlängen kaum
hängen, doch auch dort bewegt sich blaues Licht ein
wenig langsamer vorwärts als rotes.

Der Volksmund spricht von den »sieben Farben« des
Regenbogens und meint damit Rot, Orange, Gelb, Weiß,
Grün, Blau und Violett, wobei das Violett an der Innenseite des Bogens liegt und das Rot außen. Doch diese
sieben voneinander abgegrenzten Farbstreifen des Regenbogens sind Einteilungen, die unser Auge mit seiner
begrenzten Sehschärfe unwillkürlich vornimmt – eine
Täuschung in der Täuschung. Tatsächlich fließen die
Spektralfarben sanft ineinander.

Je tiefer die Sonne im Westen sinkt, desto höher steigt
der Regenbogen im Osten. Dabei wird er auch immer
größer. Bei Sonnenuntergang – oder Sonnenaufgang –
bilden sich deshalb die größten Bögen, nämlich Halb-
kreise.

Zur Mittagszeit wird man also niemals einen Regenbogen sehen. Steht die Sonne höher als 42 Grad über
dem Horizont, ist kein Regenbogen zu sehen. Das heißt
allerdings nicht, dass keiner da wäre. Er steht nur leider
unterhalb des Horizonts. Würde man mit einem Ballon
in die Höhe steigen, könnte man ihn schließlich sehen –
in großer Höhe sogar als vollständigen Kreis, wobei der
Ballonschatten sich in dessen Mittelpunkt befände. Dieses Schauspiel, so heißt es, müsse grandios sein, und das
glauben wir gern.

Halbkreisförmig sind Regenbögen also nur deshalb,
weil der Horizont den unteren Teil vor unseren Augen
verbirgt. Regenbögen sind eigentlich Regenkreise.

Wie entstehen die Farben des Feuerwerks?

A uch wenn einem das Geld zu schade ist, um es an Silvester für Feuerwerkskörper auszugeben, so wird man dennoch nicht abstreiten können, dass ein Feuerwerk ein prächtiges Schauspiel ist, dem man gerne zusieht. Man ist insgeheim froh, dass die anderen dem Aufruf »Brot statt Böller« nicht gefolgt sind.

Aber was ist eigentlich ein Feuerwerk? Wie funktioniert es? Was leuchtet da und wieso? Grundsätzlich ist ein Feuerwerk nichts anderes als eine Verbrennung, freilich eine, die auf spektakuläre Weise vor sich geht. Zu einer Verbrennung benötigt man Brennstoff und Sauerstoff. Wenn ich ein Stück Holz verbrenne, kommt der dazu nötige Sauerstoff aus der Luft. Und was im Holz brennt, sich also mit dem Sauerstoff unter Abgabe von Licht und Wärme verbindet, ist der Kohlenstoff. Nun ist das Abbrennen eines Holzfeuers gewiss eine schöne Sache, doch als Feuerwerk würde man es trotzdem nicht bezeichnen. In der nüchternen Sichtweise des Chemikers beginnt das Abbrennen eines Holzfeuers aber in der Tat mit einem winzig kleinen Feuerwerk – und zwar dann, wenn ein Streichholz entzündet wird. Denn schließlich entzündet sich ein Holzhaufen ja nicht von selbst; dazu bedarf es einer Anstoß- oder Zündenergie.

Den Zündkopf eines Streichholzes kann man deshalb als Feuerwerkskörper bezeichnen, weil er aus leicht entzündlichem, festem Material besteht – und genau das zeichnet jeden Feuerwerkskörper aus. Ein Streichholzzündkopf ist ein Gemisch aus Kaliumchlorat und Schwefel, das von einem Bindemittel und einem ebenfalls als Brennstoff dienenden Leim zusammengehalten wird. Die durch Reibung erzeugte Wärmeenergie reicht aus, um das Gemisch zu entzünden. Dabei liefert es selbst den Sauerstoff – er befindet sich in den Molekülen des Kaliumchlorats (Formel: $KClO_3$) –, weshalb die Hitzeentwicklung auf einen viel engeren Raum beschränkt bleibt und schneller, nämlich explosionsartig abläuft. Ein Feuerwerkskörper ist also auf den Sauerstoff in der Luft gar nicht angewiesen, um zu funktionieren. Beim Zündholz treten im Kleinen alle typischen Erscheinungen eines echten Feuerwerks auf: Licht, Wärme, Rauch, Gase und zischende Geräusche.

Dieses Prinzip (die Mischung von festen Brennstoffen mit einer Sauerstoffquelle) wird bei allen Feuerwerkskörpern eingesetzt. Dabei verwendet man auch in den modernen Feuerwerkskörpern noch immer den ältesten »Sprengstoff«, nämlich Schwarzpulver. Es wurde vor über 1000 Jahren in China entwickelt. China ist damit das Ursprungsland des Feuerwerks. Die Chinesen erkannten natürlich sofort die Gefährlichkeit des Stoffs und legten sich selbst das Verbot auf, es zu kriegerischen Zwecken einzusetzen. Das war einer der seltenen Fälle in der Menschheitsgeschichte – vielleicht sogar der einzige –, wo eine Erfindung wegen ihrer Zerstörungskraft nur spielerisch angewendet wurde. Das christliche Europa, zu dem erst im späten Mittelalter die Kenntnis des Schwarzpulvers gelangte, hatte keine moralischen Bedenken, es als Schießpulver und damit

als unwiderstehliches Kriegsmittel einzusetzen – und
damit irgendwann auch China zu erobern.

Schwarzpulver ist ein dichtes Gemisch aus Kalium-
nitrat (KNO_3), auch Salpeter genannt, das den Sauerstoff
liefert, Kohlenstoff (in Form von Holzkohlenstaub) und
Schwefel, die beide als Brennstoffe dienen. Das Ganze
im Mischungsverhältnis von 75 zu 15 zu 10. Schwarzpulver ist die ideale Grundsubstanz für Feuerwerkskörper:
preiswert, relativ ungiftig und bei trockener Lagerung
schier unbegrenzt haltbar. Bei der Lagerung muss allerdings streng darauf geachtet werden, dass es nicht mit
dem kleinsten Funken in Berührung kommt.

Neben Holzkohle und Schwefel dienen heutzutage
als Brennstoffe in den Feuerwerkskörpern auch Silicium
und Bor, jene Elemente, die in ihrem chemischen Verhalten dem Kohlenstoff recht ähnlich sind. Sie setzen
bei ihrer Verbindung mit Sauerstoff besonders viel Energie frei. Es gibt auch noch metallische Brennstoffe, die
in Feuerwerkskörpern eingesetzt werden, meist Aluminium, Magnesium oder Titan. Bei hoher Temperatur
brennen sie mit gleißend hellem Licht.

Nun zeichnet sich ein Feuerwerk aber vor allem
durch seine Farbenpracht aus. Physikalisch sind Farben
nichts anderes als feine Schwingungsunterschiede innerhalb eines engen Bereichs der elektromagnetischen
Strahlung. Was wir Licht nennen, ist für den Physiker
der Wellenlängenbereich zwischen 400 und 750 Nanometern (millionstel Millimetern), das sogenannte
Lichtspektrum. Die langwelligsten Strahlen, also jene
im Bereich von 750 Nanometern, erscheinen in unserem

Gehirn als rote Farbe, die kurzwelligsten, also jene im Bereich von 400 Nanometern, erscheinen violett. Die übrigen Farben liegen dazwischen, wobei sich Orange und Gelb ans Rot anschließen und Grün und Blau vor dem Violett liegen. Weißes Licht ist die Summe aller Spektralfarben.

Die verschiedenen Brennstoffe verbrennen in ganz unterschiedlichen, für sie typischen Farben. Und diese Tatsache nützt man für die Farbenvielfalt eines Feuerwerks aus. Grellweiße Leuchtraketen zum Beispiel enthalten meistens Magnesium- oder Aluminiumpulver als Brennstoff. Die Pulverform des Brennstoffs führt dazu, dass die Verbrennung in einer starken Explosion stattfindet, die von einem grellen Lichtblitz begleitet wird. Setzt man der Brennstoffmischung größere Metallteilchen bei, die nach der Explosion weniger rasch abkühlen, so entstehen statt eines grellen Lichtblitzes viele weiße Funken. Je größer die Metallteilchen, desto länger leuchten die Funken am Nachthimmel, während sie zu Boden fallen. Holzkohle- oder Eisenteilchen verbrennen mit schwächerem goldfarbenem Licht. Intensives Gelborange entsteht durch Beimischung von Natrium. Verschiedene rote Farbtöne lassen auf Strontium schließen. Barium ist für grüne Farben verantwortlich. Am schwierigsten ist es, blaue Farben in einem Feuerwerk zu erzielen, weshalb man diese meist nur bei kostspieligen Großfeuerwerken zu festlichen Anlässen zu sehen bekommt. Die Massenartikel für Silvester bieten praktisch kein Blau. Für das Blau ist Kupfer zuständig, für Violett eine Mischung aus Strontium und Kupfer.

Die Schwierigkeit beim Erzeugen dieser Farbtöne liegt
darin, dass jene Kupferverbindung, die sich dafür am
besten eignet – Kupfermonochlorid –, die blaue Farbe
nur bei sehr hoher Temperatur erzeugt; diese muss sehr
genau getroffen werden. Das bedeutet, dass die Mengen
der verwendeten Chemikalien exakt aufeinander abge-
stimmt werden müssen, was die Produktion erschwert
und dadurch teuer macht.

Man sieht, dass die Farbenpracht eines Feuerwerks
letztlich auf einer ziemlich engen Gruppe von chemischen Elementen beruht. Diese müssen in fein ausge-
tüftelten Molekülverbindungen zu einer Leuchtrakete
zusammengemixt werden. Zur Farberscheinung kommen bei vielen Feuerwerkskörpern noch typische Pfeif-
geräusche hinzu. Diese beruhen auf einer intensiven
Gasentwicklung bei der Verbrennung. Hierzu bedient
man sich ganz bestimmter Gemische, die man in enge
Röhrchen presst. Diese Gemische haben die Eigenschaft,
stoßweise zu verbrennen. Die Frequenz der Pfeiftöne
hängt von der Länge der Pappröhrchen und der Intensität der Gasentwicklung ab.

»Im Dunkeln tut's Feuerwerk funkeln«, heißt es in
einem Stück von Karl Valentin. Und: »Wenn's auf der
Welt gar niemals mehr dunkel werden tat, dann könnt
ma gar nia a Feuerwerk abbrenna.« Gottlob ist das fürs
Nächste nicht zu befürchten; wär' doch zu schade.

Warum ist die Natur hauptsächlich grün?

Der Frühling beginnt am 20. März – aber nur auf unserem Kalender. Die Natur hat ihren eigenen und der zeigt den Frühlingsbeginn mit grüner Farbe an. Es ist das Grün, das aus den Zweigen bricht. Zumal nach einem grauen deutschen Winter ist es eine Wohltat für die Augen und fürs Herz. Ohne das Grün gäbe es wohl keine Frühlingsgefühle. Das Grün beschwingt und stimmt die Seele heiter. Freilich nicht nur das Grün! Es liefert gleichsam den Hinter- und Untergrund für die bunten Farben der Blüten. Der Frühling ist bunt, aber das Grün dominiert: Grün und nochmal Grün!

Grün sind die Blätter der Pflanzen und nicht die Blüten, wenngleich es auch einige wenige Pflanzenarten gibt, die grüne Blüten haben, so zum Beispiel die Grüne Nieswurz, ein Hahnenfußgewächs, das schon im Februar zu blühen anfängt.

Dass die Pflanzen hauptsächlich grün sind, hat natürlich einen Grund, einen existenziellen Grund, so könnte man sagen. Denn der grüne Farbstoff, das sogenannte Blattgrün, sichert den Pflanzen das Überleben – und damit auch allen Lebewesen, die von Pflanzen leben. Es gibt zwar auch Pflanzen, die ohne Blattgrün auskommen, doch auch sie leben indirekt davon, indem sie als Schmarotzer die Lebenssäfte von Grünpflanzen anzapfen.

Das Blattgrün bezeichnen die Biologen mit dem Wort »Chlorophyll«. »Chloros« ist das griechische Wort für »grün«, und »phyllon« für »Blatt«. Es handelt sich dabei um eine Gruppe biologisch äußerst bedeutsamer Pigmente (= Farbstoffe), die die Pflanzen überhaupt erst zum Stoffwechsel befähigen, also zur Herstellung organischer Stoffe aus anorganischen. Denn das Blattgrün kann etwas, das kein anderer Pflanzenfarbstoff vermag: Es wandelt Sonnenlicht in elektrischen Strom um und ist dadurch in der Lage, aus Wasser und Luft Kohlehydrate, vor allem in Form von Zucker, herzustellen. Das grenzt an Zauberei. Die Chemiker nennen es ganz nüchtern Fotosynthese. Das Wort ist ebenfalls griechisch und bedeutet soviel wie »mit Licht zusammenbauen«.

Den Zucker kombinieren die grünen Pflanzen mit anderen mineralischen Stoffen, die sie mit dem Wasser aus dem Boden ziehen, und bilden daraus neue Blätter, Blüten und Früchte. Das Blattgrün ist grün, weil es vom einfallenden Sonnenlicht, das sich ja aus allen Spektralfarben zusammensetzt, alle Farben verschluckt – außer Grün. Das vom Blattgrün verschluckte Licht hat also eine »Grünlücke«. Wir sehen ja grundsätzlich immer nur die Farbe, die ein Gegenstand für unser Auge übrig lässt. Alle anderen Farbanteile des Lichts, die vom Gegenstand verschluckt werden, werden umgewandelt, und zwar meistens in Wärmeenergie.

Das Blattgrün ist nun in der Lage, diese Wärmeenergie in elektrischen Strom, also Elektronenfluss, umzuwandeln, ähnlich wie ein Heizkraftwerk. Damit dieser elektrische Strom nicht gleich wieder verloren geht, wird er durch eine Art Wand ins Blattinnere geleitet. Auf der anderen Seite dieser Wand wird die elektrische Energie von bestimmten chemischen Stoffen aufgenommen;

diese machen daraus einen neuen Stoff namens ATP.
Das ist die Abkürzung für Adenosintriphosphat. Dieser
Stoff ist für Pflanzen sehr wichtig, weil er in der Lage
ist, Energie ähnlich wie eine Batterie zu speichern – bis
die Blätter sie brauchen. Und sie brauchen sie, um aus
Wasser (H_2O) und dem Kohlendioxid (CO_2) aus der
Luft wertvolle Kohlehydrate herzustellen. Diese dienen
den Pflanzen als Energiequellen, Reservestoffe für
schlechte Zeiten und als Gerüstsubstanzen. Jene Kohlehydrate, die süß schmecken, bezeichnen wir als Zucker. Besonders viel davon findet sich im Zuckerrohr
oder in Zuckerrüben. Aber man braucht nur bestimmte
Gräser, nämlich Süßgräser, zu kauen, um auch bei ihnen
eine leichte Süße zu schmecken.

   Die Herstellung von Zucker aus Kohlendioxid und
Wasser sieht in der chemischen Gleichung folgender-
maßen aus:

$$6\,CO_2 + 6\,H_2O \xrightarrow{\text{Licht}} C_6H_{12}O_6 + 6\,O_2$$

Diese Überführung körperfremder kleiner Moleküle in
körpereigene große Moleküle nennt man Assimilation;
sie findet unter Abgabe von Sauerstoff statt, der für Tiere
und Menschen lebensnotwendig ist, ganz davon abgesehen, dass wir Pflanzen als Nahrung brauchen, genauer: die Kohlehydrate, aus denen sie bestehen. Diese
aber können wir als Nahrung nur verwerten, wenn wir
sie mit Hilfe des Sauerstoffs in unseren Körperzellen
verbrennen, sie also wieder in Energie umwandeln. Als
Folge dieser Verbrennung atmen wir Kohlendioxid

(CO_2) aus, das dann wieder von den Pflanzen aufgenommen wird. So schließt sich der Kreis.

Doch nicht nur unser Körper, sondern auch Geist
und Seele bedürfen des Pflanzengrüns. Untersuchungen haben gezeigt, dass das Grün in den Städten die
Menschen positiv beeinflusst: Menschen in besonders
reich bepflanzten Straßen gehen schneller, man könnte
auch sagen: beschwingter. Die Gehgeschwindigkeit soll
ein Gradmesser für unser Wohlbefinden sein. Gut ge-
launte Menschen sind schneller. Freilich kann es auch
sein, dass ein Schnellgeher einfach nur in Eile ist. Aber
vielleicht ist in Berlin, wo ich lebe, tatsächlich das viele
Grün dafür verantwortlich, dass die Berliner immer
Tempo machen und dabei meist recht guter Laune sind.
Die positive Wirkung von Pflanzengrün auf die
menschliche Seele ist unbestritten. Wissenschaftler erklären sie unter anderem auch mit unseren steinzeit-
lichen Wurzeln: Im Verlauf der Evolution haben die
Menschen gelernt, grüne Landstriche zu bevorzugen,
da diese Wasser, fruchtbare Böden und Versteckmög-
lichkeiten boten. Grün bedeutet Leben – und das gilt
auch heute noch.

Warum ist das Blut rot?

Wir Normalsterblichen haben im Gegensatz zum blaublütigen Adel allesamt rotes Blut, nicht anders als alle übrigen Säugetiere und ebenso wie die Vögel, Kriechtiere, Lurche oder Fische. Ja, selbst einige Gruppen von wirbellosen Tieren, etwa Weichtiere oder einige Arten von Würmern, haben rotes Blut – und natürlich auch die Adligen, weil sie biologisch eben auch nur Säugetiere sind. Der Ausdruck »blaues Blut« entstand im Spanien des 19. Jahrhunderts. Dort bezog man den Ausdruck »sangre azul« auf den alten, von den hellhäutigen Westgoten abstammenden spanischen Adel. Unter den dunkelhäutigen Menschen des gemeinen Volks fielen die Adligen dadurch auf, dass unter ihrer hellen Haut – besonders an Schläfen und Handrücken die Venen bläulich schimmerten.

Tatsächlich ist das sauerstoffarme Blut, das in den Venen zum Herzen zurückströmt, etwas dunkler gefärbt als das sauerstoffreiche Blut in den Arterien. Blau ist es dennoch nicht. Blut, egal ob venös oder arteriell, ist rot. Aber warum?

Ganz einfach: weil es einen roten Farbstoff enthält. Der rote Blutfarbstoff, Hämoglobin genannt, ist allerdings nicht in dieser Körperflüssigkeit als ganzer gelöst, sondern in besonderen Blutkörperchen eingelagert, eben den roten Blutkörperchen. Es gibt auch noch weiße Blutkörperchen, wobei allerdings auf tausend rote nur ein weißes kommt. Die weißen Blutkörperchen bekämpfen bei Entzündungen die in den Organismus eingedrungenen Bakterien. Bei diesem Kampf sterben sie ab und bilden den Eiter.

Die roten und weißen Blutkörperchen schwimmen in der eigentlichen Blutflüssigkeit, dem Blutplasma; dieses ist von leicht gelblicher Farbe. Streng genommen setzt sich also die Farbe des Bluts aus sehr viel Rot, wenig Weiß und einem Hauch von Gelb zusammen. Zu erwähnen sind auch noch die sogenannten Blutplättchen; sie spielen eine wichtige Rolle bei der Blutgerinnung und Blutstillung.

Die Blutkörperchen sind winzig klein: In einem Kubikmillimeter Blut befinden sich etwa 5 Millionen von ihnen. Der rote Blutfarbstoff ist aber zu mehr nütze als nur dem Blut eine Farbe zu geben. Das Hämoglobin, das gleichsam als Fahrgast der roten Blutkörperchen durch den Körper reist, ist in der Lage, den lebenswichtigen Sauerstoff an sich zu binden. Mensch und Tier brauchen dieses reaktionsfreudige Gas zum Leben. Mit ihm wird Nahrung bei einer Temperatur von 37 Grad Celsius (beim Menschen) in den Gewebezellen verbrannt. Zu diesem Zweck müssen die Sauerstoffmoleküle genau dorthin gelangen, wo sie gebraucht werden: etwa in die Beinmuskeln, die gerade bei einem laufenden Menschen Arbeit leisten, oder zum Gehirn des Lesers, der gerade versucht, diesen Text zu verstehen, was freilich keine allzu große Denkarbeit verlangt.

Der Sauerstoff ist also nicht einfach in der Blutflüssigkeit gelöst, so wie er sich etwa in Wasser löst, sondern er wird an eine Art von Transportbehälter gebunden, der in diesem Fall ein Eiweißmolekül ist, eben das

Hämoglobin. Dieses könnte man also mit gutem Grund als ein Transportereiweiß oder Transporterprotein bezeichnen. Das im Vergleich zu einem Sauerstoffmolekül riesige Hämoglobinmolekül greift sich das erstbeste Sauerstoffmolekül, das in seine Nähe kommt und bindet es an sein aktives Zentrum; dieses besteht in der Hauptsache aus einem Eisenatom. Deshalb kann Eisenmangel im Blut dazu führen, dass zu wenig Sauerstoff transportiert wird, was wiederum den Stoffwechsel hemmt.

Das Hämoglobin muss allerdings nicht nur im Stande sein, in der Lunge möglichst viel Sauerstoff an sich zu reißen, sondern es soll ihn dort, wo er gebraucht wird, auch leicht wieder abgeben, also etwa an die Muskel- oder Hirnzellen.

Aus diesem Grund besitzt das Transportermolekül Hämoglobin gleich vier verschiedene Speicherplätze. In einer sauerstoffreichen Umgebung, etwa in der Lunge, werden alle vier Speicherplätze mit Sauerstoffmolekülen besetzt. Doch unter den sauerstoffarmen Bedingungen in den Gewebezellen tritt das Hämoglobin den Sauerstoff ohne weiteres an diese ab. Die Abgabe wird auch dadurch erleichtert, dass die aktiven Gewebezellen große Mengen des »Abgases« Kohlendioxid (CO_2) sowie Wasserstoff (H_2) erzeugen. Beide Gase verdrängen im Hämoglobin den Sauerstoff und reisen an dessen Stelle zurück zur Lunge, wo sie ausgeatmet werden und wiederum ihre »Sitzplätze« für frischen Sauerstoff frei machen.

Kohlenmonoxid (CO) wird vom Hämoglobin wesentlich fester gebunden als Sauerstoff und verdrängt diesen aus den Speicherplätzen. Davon rührt die hohe Giftigkeit von geringsten Kohlenmonoxidmengen, wie sie bei Schwelbränden, also unvollständigen Verbrennungen, freigesetzt werden.

Es können sich aber auch Moleküle von Stickstoffmonoxid (NO) an das Hämoglobin anlagern. Dieses wirkt im Gehirn als Botenstoff und ist zum Beispiel für die durch Lichtmangel ausgelöste Winterdepression verantwortlich. Licht ist in der Lage, das Stickstoffmonoxid vom Hämoglobin wieder abzuspalten und so die Depression zu mildern, weshalb man im Winter genügend Licht »tanken« soll. Dort, wo die Adern dicht unter der Haut verlaufen, geschieht dann die Abspaltung der NO-Moleküle. Vor allem durch Belichtung der Kniekehlen soll sich die Seelenstimmung heben lassen, weil dort die Adern besonders dicht unter der Haut verlaufen.

Interessant ist auch, dass der rote Blutfarbstoff entfernt verwandt ist mit dem Blattgrün der Pflanzen, dem Chlorophyll. Vielleicht gibt es ja Außerirdische mit grünem Blut, die nur von Licht und Wasser leben. Ihr Planet wäre dafür mit roten Wäldern bedeckt.

Warum ist der aufgehende Mond so riesig?

Jedem von uns ist das schon mal aufgefallen und so mancher mag sich beim ersten Mal sogar ein wenig erschreckt haben: Da steht blutrot und riesengroß der Mond über dem östlichen Horizont, kurz nachdem die Sonne im Westen untergegangen ist. Für einen Moment mag man sogar daran gezweifelt haben, dass das der Mond ist. Dabei vergisst man, dass auch die Sonne beim Auf- oder Untergehen größer erscheint als wenn sie hoch am Himmel steht. Aber wieso ist das so?

Wer sich diese Frage stellt, führt nur eine lange Tradition fort. Schon der griechische Astronom Ptolemäus, später das italienische Renaissance-Genie Leonardo da Vinci, danach der Astronom Johannes Kepler und schließlich der Physiker Hermann von Helmholtz stellten sich diese Frage – und vermochten sie nicht zufriedenstellend zu beantworten.

Noch heute gehen die Meinungen hierzu auseinander. So mancher Forscher hat sich sein Leben lang den Kopf darüber zerbrochen. Zu ihnen gehört auch der amerikanische Wahrnehmungspsychologe Lloyd Kaufman. Er äußerte unlängst die absurd anmutende These, dass der tief stehende Mond größer wirkt als der hoch stehende, weil er weiter entfernt scheint. Hoppla, denken wir, wenn etwas weiter entfernt scheint, dann sollte es doch auch kleiner wirken. Das ist meistens auch der Fall. Doch manchmal, so Kaufman, täusche sich unser Gehirn, oder besser: Es täusche uns etwas vor, weil es von falschen Annahmen ausgehe. In diesem Fall tue unser Gehirn so, als gelte noch die mittelalterliche Vorstellung eines abgeflachten Himmelszelts, das sich über uns wölbt. Unser Gehirn fasst deshalb den Abstand bis zum Rand des Zelts am Horizont als recht weit auf, während das Himmelsgewölbe direkt über uns flacher und deshalb näher erscheint. Diese falsche Vorstellung schafft für das Gehirn allerdings ein Problem: Wenn sich ein Objekt an der Innenseite des Himmelsgewölbes entlang bewegt, müsste es vom »ferneren« Horizont ein kleineres Bild auf die Netzhaut der Augen werfen als vom »näheren« Zenit. Tatsächlich aber ist das Abbild des Monds auf der Augennetzhaut immer gleich groß. Den Fehler sucht das Gehirn freilich nicht bei sich selber, sondern beim Mond. Wenn also der Mondeindruck auf der Netzhaut stets der gleiche ist – was die Größe betrifft –, dann muss der Mond gewachsen sein, wenn er am fernen Horizont auftaucht. Denn nur durch Wachsen kann er die angenommene größere Entfernung ausgleichen, um auf der Netzhaut den gleichen Eindruck zu erzeugen wie vom »nahen« Zenit aus.

So wird der tief stehende Mond etwa zweimal größer angesehen als der hoch stehende, und zwar nur deshalb, weil das Gehirn die Vorstellung hat, es sei das Himmelsgewölbe am Horizont doppelt so weit weg als über unserem Kopf. Dass es ein Himmelsgewölbe in Wirklichkeit gar nicht gibt, interessiert unser Gehirn offensichtlich nicht – und nimmt dafür unsere Verwirrung gern in Kauf. Wir müssen daraufhin unseren ganzen logischen Verstand bemühen, um die Gründe für das Verwirrspiel zu begreifen. Erstaunlicherweise ist für dieses Begreifen auch wieder unser Gehirn verantwortlich. Im Gehirn gibt es augenscheinlich Bereiche, die völlig getrennt voneinander aktiv sind.

Von Wind und Wetter – und anderen Misslichkeiten

Warum gibt es Wind?

Selten, dass die Luft einmal vollkommen unbewegt ist, sich kein Lüftchen regt, wie man sagt. Meist kündigen sich Sturm und Gewitter durch Windstille an – die sprichwörtliche Ruhe vor dem Sturm. Eine absolute Windstille, also Unbewegtheit der Luft, gibt es freilich nicht. Die Luft ist immer und überall in Bewegung, manchmal aber nur in so geringem Maß, dass wir sie für unbewegt halten.

Der Wind ist kein pausbäckiges Wesen, das zwischen den Wolken haust und sich mit Pusten die Zeit vertreibt, sondern eine physikalische Erscheinung der Atmosphäre, also der gasförmigen Hülle, von der die Erde umgeben ist. Wind gibt es nicht nur auf der Erde, sondern auf allen Planeten, die eine Atmosphäre besitzen.

Auch die Atmosphäre unterliegt der Schwerkraft, weshalb sie in Bodennähe am dichtesten ist. Je höher man in die Atmosphäre aufsteigt, desto dünner wird sie, um schließlich in ihren äußersten Schichten – in etwa 480 Kilometer Höhe – ohne scharfe Grenze in den leeren Weltraum überzugehen. Aber noch in 3000 Kilometer Höhe über der Erde lassen sich geringe Spuren von Luft nachweisen.

In der untersten Schicht der Atmosphäre, der sogenannten Troposphäre, spielt sich ab, was wir »Wetter« nennen. Der Wind ist nur eine von vielen Erscheinungsformen des Wetters. Unter »Wind« versteht man im Wesentlichen die in horizontaler Richtung sich über die

Erdoberfläche bewegende Luft. Es gibt aber auch sogenannte Aufwinde. Das sind vertikal, also aufwärts
gerichtete Luftströmungen, die unter anderem bei starker Sonneneinstrahlung über erhitztem Gelände entstehen, aber auch an Berghängen, Hügeln oder Dünen.
Solche Aufwinde werden zum Beispiel beim Segelfliegen
genutzt.

Winde rühren grundsätzlich von der Uneinheitlich-
keit der Erdatmosphäre her. Diese weist Gebiete unterschiedlichen Luftdrucks auf. Es gibt Gebiete mit hohem
Luftdruck (»Hoch«) und solche mit niedrigem (»Tief«).
Mit »Luftdruck« ist der Druck gemeint, den die Lufthülle der Erde infolge ihres Gewichts auf die Erdoberfläche ausübt – und damit auch auf uns Menschen, die
wir auf dieser Oberfläche leben. Der Luftdruck beruht
also auf dem Gewicht der gesamten Atmosphäre, die
über einer bestimmten Fläche liegt. Wäre die Erdoberfläche überall gleich – etwa wenn die Erde nur mit Wasser bedeckt wäre –, dann wäre auch der Luftdruck überall gleich. So aber gibt es Höhenunterschiede von Null
(= Meereshöhe) bis 8800 Meter (= Mount Everest) und
entsprechend unterschiedliche Luftdruckgebiete. Doch
der örtliche Luftdruck wird auch noch von der Temperatur der Luft bestimmt. Denn bei Erwärmung von Luft
erhöht sich auch der Druck, den diese Luftmassen aus-
üben. Für den Luftdruck ist also auch die Sonneneinstrahlung von Bedeutung.

Die Sonne ist überhaupt die beherrschende Energie-
quelle für alle in der Atmosphäre ablaufenden physikalischen Prozesse. Auf dem Weg durch die Lufthülle der

Erde gehen rund 30 Prozent der von der Sonne eintreffenden Strahlungsenergie durch Reflexions- und Streu-
ungsprozesse verloren. Rund 20 Prozent der Energie
werden von Wasserdampf und Kohlendioxid in der
Atmosphäre aufgenommen. Den Erdboden erreichen
also im Durchschnitt nur 50 Prozent der auf die Atmosphäre treffende Sonnenstrahlung.

Durch Rückstrahlung gibt die Erdoberfläche sofort
wieder einen Teil der aufgenommenen Wärmeenergie
ab, doch Wasserdampf, Kohlendioxid und andere Gase
in der Luft werfen ihrerseits den größten Teil dieser
Strahlung erneut zum Erdboden zurück – ein Hin und
Her von Wärmestrahlung; dieses beeinflusst ständig die
Luftdruckverhältnisse überall auf der Erde. Insgesamt
steht an der Erdoberfläche etwa ein Drittel der gesamten
eingestrahlten Sonnenenergie zur Erwärmung der unteren Luftschichten und zur Anregung des Wasserkreis-
laufs zur Verfügung. Ein kleiner Teil der Wärme wird
von der Erde durch ihre Eigenwärme beigesteuert, die
sie in ihrem glutflüssigen Innern erzeugt.

Aus der unterschiedlichen Verteilung der Wärme auf
der Erdoberfläche und den sich daraus ergebenden,
ständig sich wandelnden Luftdruckunterschieden bilden sich die globalen Luftströmungen aus. Diese führen
zu vielfältigen Kreiselbewegungen der Luft, wobei auch
noch die Erdrotation entscheidend mitwirkt. So entsteht
unter dem Einfluss weiterer Faktoren, wie zum Beispiel
der unterschiedlichen Verteilung von Land- und Wassermassen auf der Erde, das sogenannte planetarische
Luftdruck- und Windsystem – ein letztlich chaotisches

System, das nicht berechenbar ist, weshalb längerfristige Wetterprognosen kaum möglich sind.

Entsprechend der Luftdruckverteilung ergeben sich die großräumigen Luftströmungen in Bodennähe. Wind ist also nichts anderes als ein Ausgleich von Luftdruckunterschieden in der Atmosphäre, wobei er stets aus einem Hochdruckgebiet heraus- und in ein Tiefdruckgebiet hineinweht. Auf der Nordhalbkugel umkreisen die Winde ein Hochdruckgebiet stets im Uhrzeigersinn, ein Tiefdruckgebiet entgegen dem Uhrzeigersinn. Die tatsächliche Windrichtung an einem bestimmten Ort hängt dabei von der Beschaffenheit (»Rauigkeit«) der Geländeoberfläche ab. So entstehen verschiedene örtliche Windsysteme – zum Beispiel Bergwind, Talwind, Landwind oder Seewind –, die von den Meteorologen nur schwer vorherzusagen sind. Je größer der Druckunterschied zwischen einem Hoch- und einem Tiefdruckgebiet ist, desto stärker bläst der Wind. Wo sehr kalte und sehr warme Luftmassen aufeinanderprallen, entstehen Orkane und Wirbelstürme.

Wie das Wettergeschehen an sich, so ist besonders der Wind seinem Wesen nach chaotisch. Dabei hat man beobachtet, dass die Winde auf der Nordhalbkugel weniger chaotisch wehen als auf der Südhalbkugel, ohne dass man vorerst die Gründe dafür nennen könnte.

Warum gibt es Gewitter?

Vor Gewittern haben viele Menschen Angst, nicht nur Kinder, sondern ebenso Erwachsene, obwohl es für diese Angst gar keinen Grund gibt. Wer sich während eines Gewitters nicht im Freien aufhält, hat eigentlich nichts zu befürchten. Wenn an einem Gewitter etwas zu fürchten ist, dann der Wind, der mit ihm einhergeht und zum Orkan anwachsen kann. Der fällt dann schon mal Bäume oder deckt Dächer ab.

Gewitter zählen zu den beeindruckendsten Erscheinungen, die die Natur zu bieten hat. Allein das Herannahen einer Gewitterfront mit ihren sich auftürmenden dunklen Wolkenbergen ist ein Naturschauspiel ohnegleichen. Aber wie kommt ein Gewitter überhaupt zustande?

Gewitter bringen wir vor allem mit der warmen Jahreszeit in Verbindung, wenngleich auch Wintergewitter durchaus keine Seltenheit sind. Voraussetzung für jedes Gewitter sind Gewitterwolken. Damit sind besonders mächtige, weit in die Atmosphäre hinaufreichende Quellwolken gemeint. Sie setzen einen relativ hohen Gehalt an Wasserdampf in der Luft voraus. Dieser ist vor allem bei schwülwarmem Wetter in den Sommermonaten gegeben. In der vorausgehenden Trockenperiode hat sich die Luft sehr stark mit elektrisch geladenen Staubpartikeln angereichert, an die die Wassermoleküle sich anlagern. Die Staubteilchen wirken als Kondensationskeime für die Luftfeuchtigkeit. Die Staubteilchen sind aber nicht alle gleich groß. Das führt zu unterschiedlichen elektrischen Ladungen: Die kleineren Partikel in Gewitterwolken laden sich vorzugsweise positiv auf, die größeren tragen meist eine negative elektrische Ladung. Da die größeren negativ geladenen Staubteilchen schwerer sind, befinden sie sich hauptsächlich im unteren Bereich der Wolke, während die kleineren, positiv geladenen Teilchen weiter oben vorkommen. Bereits während des Aufbaus einer Gewitterwolke findet also eine Ladungstrennung statt. Ladungstrennung bedeutet aber, dass sich eine elektrische Spannung aufbaut; sie kann in einer Gewitterwolke auf mehrere Millionen Volt anwachsen – bis sie sich schließlich in einem Blitz entlädt.

Ein Blitz ist eine Funkenentladung von gewaltiger Intensität, wobei diese nicht nur zwischen unterschiedlich geladenen Wolkengebieten geschieht, sondern ebenso zwischen Wolken und der Erde. Freilich erzeugt ein Gewitter mehr als nur einen Blitz. Jedes Gewitter bildet nämlich mehrere etwa gleich große Gewitterzellen aus, von denen jede ihre eigene typische Entwicklung durchläuft. Jeweils mehrere solcher Zellen sind in einem Gewitter gleichzeitig aktiv. Während sich die einen Zellen nach und nach abschwächen, bauen sich neue auf. Erst wenn keine Gewitterzellen mehr neu gebildet werden, endet das Gewitter.

Jedem Blitz folgt ein Donner nach. Er ist eine Folge der hohen Temperatur, die in Sekundenbruchteilen durch den Blitz freigesetzt wird. Denn ein Blitz ist nichts anderes als die Umwandlung von elektrischer Energie in Wärme und Licht. Der Blitz ist das Aufleuchten der glühend erhitzten Luft im sogenannten Blitzkanal. Da die Luft sich bei Erhitzung ausdehnt, führt die extrem starke und plötzliche Erhitzung zu einer explosionsartigen Ausdehnung der Luft. Die dadurch entstehende Druckwelle pflanzt sich als Schall wellenartig im Raum fort. Er wird von den Wolken und der Erdoberfläche zurückgeworfen, wodurch es zum typischen Donnerrollen kommt; dieses kann 15 bis 20 Kilometer weit hörbar sein. Da sich der Schall mit einer Geschwindigkeit von etwa 1100 Kilometern pro Stunde ausbreitet, kann man ganz leicht berechnen, wie weit ein beobachteter Blitz von einem entfernt war. Leuchtet der Blitz auf, dann zählt man die Sekunden bis zum Einsetzen des Donners; die Sekunden multipliziert man mit 300 (1100 Kilometer pro Stunde sind ca. 300 Meter pro Sekunde) und erhält so die Entfernung des Blitzes in Metern. Wenn's gleichzeitig blitzt und kracht, dann hat es in direkter Nähe eingeschlagen.

Warum werden fast nur Männer vom Blitz getroffen?

W enn wir im vorigen Kapitel sagten, dass es eigentlich keinen Grund gibt, sich vor einem Gewitter zu fürchten, so heißt das nicht, dass Gewitter absolut ungefährlich sind. Ein Gewitter ist dann gefährlich, wenn man sich dabei im Freien aufhält. Vor Gewittern schützt man sich, indem man sich in den Schutz eines Gebäudes oder Autos begibt.

Die wenigen Menschen, die jährlich von einem Blitz getroffen werden, befinden sich alle im Freien. Wenn man bedenkt, dass in Deutschland pro Jahr etwa 750 000 Blitze gezählt werden, von denen vielleicht zwei oder drei einen Menschen töten, so ist diese Gefahr nun wirklich als äußerst gering einzustufen. Eine amerikanische Statistik verzeichnet für den Zeitraum von 1959 bis 1994 exakt 3239 Todesfälle durch Blitzschlag für die USA. Das sind aber nicht alle vom Blitz Getroffenen, denn manche überleben diese heftige Entladung der Naturgewalt nahezu unverletzt. Bei ihnen fließt der größte Teil des Blitzstroms nicht durch den Körper hindurch, sondern an der isolierenden Hautoberfläche als sogenannter Gleitlichtbogen ab. Abgesehen von Benommenheit, Taubheitsgefühlen, Sehstörungen und einem Schockzustand hinterlässt der Blitztreffer meist nur ein charakteristisches farnkrautähnliches Muster auf der Haut. Die Mediziner sprechen von Lichtenberg-Figuren. Ähnliche Muster hatte nämlich der Göttinger Physiker und Schriftsteller Georg Christoph Lichtenberg (1742–1799) beschrieben. Er entdeckte bei seinen Versuchen mit Elektrizität büschelförmige Muster, die beim Einschlag elektrischer Funken in die Oberfläche von isolierenden Stoffen entstehen. Lichtenberg machte diese Muster durch Bestäuben der getroffenen Oberflächen mit Ruß oder Kreidestaub sichtbar. Auf der Haut eines vom Blitz Getroffenen zeigt sich der Weg der lebensrettenden Gleitentladung als schmerzlose Rötung, die nach wenigen Tagen wieder verschwindet.

Ach ja, unsere Eingangsfrage ist noch immer nicht beantwortet: Warum werden fast nur Männer – nämlich zu mehr als 80 Prozent – vom Blitz getroffen? Dahinter steckt keine rätselhafte Anziehungskraft, etwa eine höhere »Geladenheit« von Männern, sondern die nüchterne Tatsache, dass Männer sich häufiger im Freien aufhalten. Dies gilt vor allem für die bäuerliche Bevölkerung. Vielleicht hat es auch damit zu tun, dass Frauen ihre Männer gern mit Schreckensrufen wie »Horst, die Wäsche hängt noch an der Leine!« oder »Klaus, das Garagentor steht noch auf!« ins Gewitter hinausschicken. Darauf sollte man als Mann besser nicht hören, sondern lieber den Antennenstecker aus dem Fernsehapparat ziehen.

Warum ist es auf Bergen kälter als in Tälern?

Warme Luft steigt nach oben, kalte Luft sinkt zu Boden. Aber wieso ist es dann auf Berggipfeln kälter als unten im Tal?

Es gibt tatsächlich Wetterlagen – zumal im Winter –, bei denen sich wärmere Luftschichten über kältere schieben, sodass die Luft in Bodennähe kälter ist als weiter oben in der Atmosphäre. Doch diese Umkehrung, Inversion genannt, ist nicht der Normalfall.

Im Normalfall steigt die durch die Wärmeabstrahlung des Bodens erwärmte Luft nach oben, denn Luft, die sich erwärmt, wird weniger dicht. Beim Aufsteigen dehnt sich die Luft also aus, was physikalisch bedeutet, dass sie gegenüber der umgebenden kälteren Luft Arbeit verrichtet. Das wiederum entzieht ihr Energie, und so kühlt sie ab. Mit zunehmender Aufstiegshöhe fällt also die Temperatur der Luft, bis sich ein Gleichgewicht eingestellt hat. Dieser Vorgang lässt die Luft um etwa 9 Grad Celsius pro Kilometer Höhenunterschied abkühlen. Das heißt: Luft, die auf Meereshöhe 20 Grad Celsius warm ist, hat nach ihrem Aufstieg auf 1 Kilometer Höhe nur noch 11 Grad Celsius.

Warum müssen auch Pflanzen
gelegentlich um Hilfe rufen?

N icht nur für Menschen und Tiere gibt es jede Menge
Gefahren, sondern auch für Pflanzen. Leben ist stets
gefährdetes Leben, man könnte auch sagen: Leben ist
eine lebensgefährliche Sache. Die moderne Biologie liefert immer eindeutigere Beweise dafür, dass Empfindungen wie Freude, Liebe, Hass, Trauer, Angst oder
Aggression auf elektrochemischen Prozessen im Hirn
beruhen. Für unsere Gefühle ist vor allem das sogenannte limbische System im Gehirn verantwortlich –
freilich nicht ausschließlich –, ein entwicklungsge-
schichtlich sehr altes Zentrum bei Wirbeltieren, das den
Hypothalamus kontrolliert. Dieser ist eine Art Schalt-
stelle des vegetativen Nervensystems, das für die Auf-
rechterhaltung der lebensnotwendigen Organfunktio-
nen zuständig ist.

Das Gehirn erzeugt unsere Gefühle, auch wenn sie
anderswo, nämlich in den verschiedenen Organen, ge-
spürt werden. Organe wie Herz, Magen oder Lunge sind
gewissermaßen die Sprachorgane der im Hirn erzeugten
Gefühle. Den Hypothalamus könnte man auch als hormonelle Schaltzentrale des Hirns bezeichnen.

Wenn wir Angst empfinden oder in einer Notsitua-
tion gar in Panik geraten, wird im Gehirn eine Stress-
reaktion ausgelöst. Ursache dafür sind Stresshormone
wie das bekannte Adrenalin, die in bestimmten Regionen des Gehirns freigesetzt werden. Die Stresssituation
versetzt den gesamten Organismus in eine erhöhte

Alarmbereitschaft – auch im Hirn werden die letzten Reserven mobilisiert, um eine Rettung aus der bedrohlichen Lage zu finden.

Was für den Menschen gilt, gilt auf einfachere Weise auch für Tiere bis hinab zu den einfachsten Formen. Auch Regenwürmer oder Kellerasseln kennen Stress und damit eine Form von Angst, die sie zum Beispiel zu Fluchtreaktionen veranlasst. Die Gefühlspalette ist freilich umso einfacher, je einfacher das Nervensystem des Tiers gestaltet ist. Aber im Grunde wissen wir noch kaum etwas über die Gefühlswelt von Tieren, weil sie uns darüber ja nichts mitteilen können.

Pflanzen besitzen kein Nervensystem; dennoch kennen sie eine Art von »pflanzlichem Fühlen«. Schließlich gibt es auch für Pflanzen jede Menge Gefahren, vor allem die Gefahr, gefressen zu werden oder langsam zu verdorren. Menschen und Tiere können vor Gefahren fliehen, Pflanzen nicht. Wenn Pflanzen weglaufen könnten, hätten wir es mit einer ziemlich chaotischen Natur zu tun.

Dennoch haben auch Pflanzen im Verlauf der Evolution unterschiedliche, zum Teil sehr komplexe Strategien entwickelt, um sich gegen Feinde oder belastende Umweltfaktoren zu schützen. Auf Gefahr reagieren Pflanzen nicht grundsätzlich anders als wir Menschen: mit Stress. Ähnlich wie unser Gehirn Stresshormone ausschüttet, produzieren bestimmte Pflanzenzellen ebenfalls vermehrt ein Stresshormon, das sogenannte Ethylen. Mit einem speziellen Infrarot-Laser kann man Ethylenmoleküle in Pflanzen zum Schwingen bringen.

Sie geben diese Schwingungsenergie an andere Pflan-
zenmoleküle in Form von Wärme ab. Dadurch entsteht
eine Schallwelle, die mit Hilfe eines hochempfindlichen
Mikrofons nachgewiesen werden kann. So ist es möglich, gestresste Pflanzen, die vermehrt Ethylen ausschüt-
ten, gleichsam um Hilfe rufen zu hören. Auf diesem
Weg lässt sich genauer erforschen, welche Faktoren bestimmte Pflanzenarten besonders belasten.

Um Hilfe zu rufen bedeutet freilich noch nicht, dass
einem auch geholfen wird. Schreien allein nützt den
Pflanzen wenig, wenn niemand es hört und somit auch
keiner herbeieilt, um Hilfe zu leisten. Doch wenn die
Stresshormone dazu führen, dass die Pflanze Notsignale
aussendet, die von Helfern wahrgenommen werden, ist
ein erster Schritt zur Rettung getan.

Noch sind die Verständigungsmöglichkeiten von
Pflanzen kaum erforscht, doch hin und wieder finden
Forscher Hinweise darauf, dass Pflanzen sich untereinander und auch mit Tieren verständigen können zum
Zweck der Lebenssicherung. Eine sehr elegante und
ziemlich verblüffende Abwehrmaßnahme von Pflanzen
gegenüber Fressfeinden stellten Forscher an Mais- und
Baumwollpflanzen fest. Diese setzen leicht flüchtige
Substanzen frei, sobald sie von schädlichen Schmetter-
lingsraupen befallen werden. Mit diesen Stoffen – gasförmigen Hilferufen, wenn man so will – locken sie die
natürlichen Feinde dieser Raupen herbei: Schlupfwespen,
die ihre Eier in den Raupen ablegen. Die bald darauf
schlüpfenden Wespenlarven fressen die Raupen von innen her auf und bewahren so die Pflanze vor Kahlfraß.

Bei den von der Pflanze gebildeten Signalstoffen handelt es sich um Verbindungen aus der großen Gruppe der Terpenoide, zu denen zum Beispiel die ätherischen Öle zählen. Sie werden nur dann von der Pflanze freigesetzt, wenn sie durch Fressfeinde verletzt wird, nicht jedoch bei künstlich hervorgerufenen Verletzungen. Dadurch wird sichergestellt, dass die Schlupfwespen der Pflanze nicht umsonst zu Hilfe eilen. Man fand auch heraus, dass die »Hilfeschreie« nur zu den Tageszeiten ausgestoßen werden, an denen die Schlupfwespen aktiv sind. So verschwendet die Pflanze nicht nutzlos Energie.

Wie konnte sich eine derart ausgefeilte Verständigung zwischen Pflanze und Tier entwickeln?, fragten sich natürlich die Forscher. Man vermutet, dass die Signalstoffe früher einmal zu den direkten Abwehrstoffen der Pflanzen gehörten, mit denen sie die Angreifer an Ort und Stelle abwehren konnten. Irgendwann im Lauf der Evolution »verstanden« die Schlupfwespen einen Teil dieser Abwehrstoffe als Hinweis auf fette Beute für ihre Brut. So entstand nach und nach eine Art von feinstofflicher Verständigung zwischen Pflanze und Insekt, die beiden Vorteile brachte. Aus dem »Hilfeschrei« wurde gewissermaßen ein »Dauergespräch«.

Wie transportieren Bäume das Wasser
von den Wurzeln zu den Blättern?

Man trage mal einen Eimer voll Wasser in den vierten
Stock eines Hauses. Eine ziemliche Kraftanstren-
gung ist dazu nötig, weil Wasser ein Gewicht hat, das
heißt von der Erde angezogen wird. Die Kraft, mit der
man das Wasser entgegen der Erdanziehung nach oben
schleppt, entspricht der Kraft, mit der der Erdmittelpunkt das Wasser zu sich hinzieht.

Woher nehmen aber die Pflanzen – unter ihnen vor
allem die Bäume – die Kraft, um das Wasser aus der
Tiefe des Erdbodens in luftige Höhen zu transportieren – entgegen der Schwerkraft? Benützen sie hierfür
eine im Pflanzenkörper verborgene Wasserpumpe?

Ja und nein. Ein Baum braucht dazu keine Pumpe,
er selbst *ist* die Pumpe. Ein besonderes Gewebe, das sogenannte Xylem, sorgt für den Wassertransport von
den Wurzeln zu den Blättern. Dieses Wasserleitgewebe
besteht aus toten, verholzten Zellen, die miteinander
durch winzige Poren, Tüpfel genannt, verbunden sind.
Diese toten Zellen, deren Gewebe aus viel leerem Raum
besteht, haben eine besonders hohe Leitfähigkeit, die
freilich bei verschiedenen Baumarten unterschiedlich
stark ist. Bei einer Birke mittlerer Größe transportiert
das Leitgewebe rund 200 Liter Wasser täglich in die
Baumkrone.

In den Tüpfelporen wird das Wasser in feinsten
Fäden nach oben gezogen aufgrund von Druckunter-
schieden zwischen den Zellen. Der Wassertransport

geschieht also auf rein physikalischem Weg; er ist dadurch der Kontrolle durch die Pflanze weitgehend entzogen – weitgehend, aber nicht vollkommen. Neueste Forschungen haben gezeigt, dass die Pflanze die Leitfähigkeit des Xylems beeinflussen kann, was für sie gerade in Trockenzeiten überlebenswichtig ist. Die Pflanze kann den Leitungswiderstand, den das Leitgewebe dem Wasser entgegenbringt, bis auf 40 Prozent vermindern, wenn dem Wasser Kaliumionen, also geladene Kaliumatome, zugegeben werden. Das Kalium kann die Weite der Tüpfelporen verändern und so bei Trockenheitsstress dem Leitungsverlust entgegenwirken. Das Kalium wird dem toten Xylem vom lebenden Nachbargewebe zugeführt.

Wenn wir eingangs sagten, dass Bäume ihre eigenen Wasserpumpen sind, so war das nicht genau formuliert: »Wassersaugpumpe« müsste man sagen. Das Wasser wird ja nicht nach oben gedrückt, sondern gesogen, ähnlich wie bei einem Gewebefaden. Taucht man einen solchen mit einem Ende ins Wasser, so transportiert er das Wasser von selbst in die Höhe, freilich nicht beliebig weit. Das ist übrigens eine Möglichkeit, seine Zimmerpflanzen bei längerer Abwesenheit feucht zu halten.

Was ist Sand?

Sand ist uns etwas ganz Vertrautes – seit wir als Kleinkinder in Sandkästen gebuddelt haben. Sand ist
manchmal richtig unangenehm in seiner Vertrautheit,
etwa wenn uns ein Körnchen davon ins Auge gerät. Der
Schmerz, den das Sandkorn im Auge verursacht, weist
darauf hin, dass es ein scharfkantiges Gebilde sein muss.
Aber was ist nun Sand eigentlich?

Sand, so wird jeder von uns als Erstes sagen, besteht
aus winzig kleinen Steinchen, oder, wie der Fachmann
sagen würde, mikroskopisch kleinen »Mineralien- und
Gesteinsformationen«. Das Wort »Sand« bezeichnet also
nur eine Form und sagt noch nichts über die Art der
Mineralien, aus denen er besteht. Sand ist ein lockeres
Gemenge von Gesteinsbruchstücken mit Korngrößen
von 0,02 bis 2 Millimeter Durchmesser. Noch feiner
zermahlenes Gestein heißt Mehlsand oder Silt. Ge-
steinskörner, die größer als 2 Millimeter sind, bilden
Granulate. Ab 4 Millimeter spricht man von Kies.

In den meisten Fällen besteht Sand aus Quarz, aber
im Prinzip kann jedes Mineral und jede Gesteinsart als
Sand vorkommen. Quarz ist die chemische Verbindung
aus den Elementen Silicium (Si) und Sauerstoff (O), also
verbranntes Silicium, wenn man so will. Quarz hat die
chemische Formel SiO_2. Es bildet die vielfältigsten Kris-
tallformen aus und zeigt, je nachdem welche anderen
Elemente noch in winzigen Mengen beigemischt sind,
die unterschiedlichsten Farbtöne. Reiner Quarz ist farblos, etwa in Gestalt eines durchsichtigen Bergkristalls.

Sand, der nur aus Quarzkörnern besteht, ist selten. Meist sind noch Körnchen von Feldspat und Glimmer beigemengt. Andererseits gibt es auch Sand, der überhaupt keinen Quarz enthält.

Wegen seiner großen Härte widersteht Quarz besonders lang der Verwitterung, weshalb er in den meisten Sandvorkommen vorherrschend ist. Sand ist allgegenwärtig – nicht nur im alltäglichen Leben, sondern auch in der Kulturgeschichte. Das soll hier nicht weiter vertieft werden, aber über den Sand ließe sich problemlos ein ganzes Buch schreiben, das gewiss nicht langweilig wäre. Es könnte zum Beispiel damit beginnen, dass vor mehr als zweitausend Jahren ein Grieche namens Archimedes am Strand von Syrakus auf Sizilien seine mathematischen Gesetze entwickelt hat, indem er geometrische Figuren in den Sand zeichnete. Diese Anekdote könnte man symbolhaft sehen: ohne Sand keine menschliche Zivilisation.

Sand ist auch der Stoff, aus dem die Urlaubsträume sind. An den Sandstränden der Meeresküsten findet sich der feinste Sand gewöhnlich im trockenen Bereich, auf dem sich der Urlauber niederlässt. Der Wind hat ihn dorthin verweht und dabei zu feinen Körnchen zermahlen, die kleiner als 0,08 Millimeter sind. Der gröbere Sand im Ebbe-Flut-Bereich des Strands ist Wasserfracht. Die Strömung trägt ihn an der Küste entlang und lässt ihn im Flachwasserbereich der Buchten, wo die Wellen weit auslaufen können, stranden. Das Meer holt sich unentwegt Nachschub von den Steilküsten, an die es bei Sturm heftig anbrandet und dabei Fels zu Kies zerbricht.

Dieser wird von der Brandung über lange Zeit immer kleiner geschliffen, bis die Strömung die Körnchen endlich mit sich forttragen kann. Selbst beim Transport durchs Wasser schleift dieses weiter an ihnen. Zum Beispiel ist ein Körnchen aus dem relativ weichen Kalkstein bereits nach einem Wasserweg von nur 15 Kilometern um die Hälfte kleiner. Um Körner aus dem harten Quarz zu halbieren, braucht die Meeresströmung bis zu 300 Kilometer. Wegen der Härte des Quarzes liefert er meist auch den Hauptanteil an einem Sandstrand. Körnchen aus weicherem Gestein werden gewissermaßen zwischen den Quarzkörnern zerrieben und vom Wind fortgetragen.

Das Wasser macht die ursprünglich spitzen und kantigen Bruchstücke rund, weshalb es sich auf gut abgerolltem Sand so angenehm läuft – als liefe man auf Samt. Solche vollkommen abgerundeten Sandkörner schmerzen auch nicht, wenn sie ins Auge geraten.

Sand zeigt die unterschiedlichsten Farbtöne, je nachdem, welche Mineralien- und Gesteinsarten zermahlen wurden. Mit der Bezeichnung »sandfarben« ist gewöhnlich ein grau getöntes Beige gemeint. Da Sand, wie schon erwähnt, hauptsächlich aus Quarz besteht, haben die Sandstrände der Welt meist Farben zwischen Eierschalenweiß und Hellgelb. Hellweiß sind jene Strände, die viel Korallen- und Muschelbruch enthalten. Das nennt man dann einen »Traumstrand«. Beimischungen von roter Koralle verleiht einem Strand einen rosa Schimmer. Rot- und Brauntöne lassen auf Eisenbeimengungen schließen. Manchmal hat ein Sandstrand sogar einen

Grünstich; dann ist dem Quarz Olivin beigemengt. Das ist ein sogenanntes Mischkristall, das auch als Schmuckstein verwendet wird. Schwarze Strände gibt es auch; da liegt dann der Urlauber auf Körnchen von Vulkangestein (Lava). Man soll also nicht meinen, dass schwarzer Meeressand schmutzig ist.

Oft findet man an Stränden grellfarbene, rund geschliffene Stücke, die wie Edelsteine in der Sonne funkeln. Aber das ist nur farbiges Glas von zersplitterten Flaschen. Doch zwischen Glas und Quarz ist chemisch kein grundlegender Unterschied. Und damit sind wir auch schon im nächsten Kapitel.

Was ist Glas und warum bricht es so leicht?

Glas, das wissen wir schon aus dem vorigen Kapitel, ist in seiner Grundsubstanz nichts anderes als Quarzsand: SiO_2, Siliciumdioxid. Mit Quarz allein kann man allerdings kein Glas herstellen. Quarz ist, wie der Fachmann sagt, nur der Glasbildner. Diesem müssen sogenannte Flussmittel beigegeben werden; das sind Carbonate, Nitrate und Sulfate von Alkalimetallen. Ein Alkalimetall wäre zum Beispiel Kalium (K), das mit Kohlenstoff (C) und Sauerstoff (O) das Kaliumcarbonat K_2CO_3 bildet, auch Pottasche genannt. Dieses und andere Flussmittel reagieren mit dem Quarzsand bereits bei Temperaturen, die unter dem Schmelzpunkt von Quarz liegen. So kann die Glasschmelze schon bei 1400 Grad Celsius durchgeführt werden, während Quarz allein erst bei 1500 Grad Celsius zu schmelzen beginnt. Stabilisatoren, etwa Blei- oder Zinkverbindungen, machen das Glas beständig. Denn eigentlich kristallisiert Quarz beim Abkühlen aus der Schmelze nicht aus, sondern verharrt im nicht-kristallinen Zustand einer unterkühlten, sich gerade verfestigenden Flüssigkeit. Bei Glas handelt es sich, grob betrachtet, um eine nicht-kristalline Form von Quarz. Glas hat keinen festen Schmelzpunkt; es stellt damit eine Mischform zwischen flüssig und fest dar, eine eine »starre, spröde Flüssigkeit«, wenn man so will. Das hat zur Folge, dass zum Beispiel Fensterglasscheiben wegen der Schwerkraftwirkung unten immer ein wenig dicker sind als oben. Glas befindet sich sozusagen auf dem Weg, ein vollkommener

Festkörper zu werden, ohne dieses Ziel jemals ganz zu erreichen.

Ob ein Festkörper zerspringt oder nicht, ob er sich verbiegen oder auseinandertreiben lässt, hängt letztlich von den chemischen Bindungen ab, die zwischen den Atomen wirksam sind, aus denen er besteht. Reine Metalle zum Beispiel eignen sich gut zur Herstellung von Schmuck oder Gefäßen, denn als weiche Feststoffe lassen sie sich durch Hämmern relativ leicht ausziehen und treiben. Sie zeigen dabei eine große Zähigkeit, können also bei der Verformung große Energiemengen aufnehmen, ohne dass die Bindungen zwischen den Atomen sich lösen und damit der Stoff an einer Stelle bricht. Der Nachteil ist, dass Werkzeuge aus Metall rasch stumpf werden, falls sie zum Schneiden, Sägen oder Schaben verwendet werden. Man muss sie immer wieder schärfen.

Im Gegensatz zu Metallen lässt sich Glas nur als Schmelze gut formen. In seiner erkalteten »starr-flüssigen« Form zerbricht es bereits bei geringer Krafteinwirkung. Es zerbricht sogar schon bei Belastungen, die nur einem Zehntel jener Energie entsprechen, die zum Lösen der chemischen Bindungen nötig ist. Die Zerbrechlichkeit von Glas hängt also nicht allein von der Stärke seiner chemischen Bindungen ab. So ist Glas zum Inbegriff der Zerbrechlichkeit geworden. Diese Zerbrechlichkeit rührt von Schwachstellen im Atomgitter, die bei der Schmelze entstehen. Dabei handelt es sich zumeist um mikroskopisch feine Risse. Glas bricht also immer entlang eines schon im Atomgitter vorhandenen

Risses. Dieser öffnet sich bei Krafteinwirkung wie ein Reißverschluss – und die Atomschichten trennen sich entlang der Bruchebene. Dehnen sich mehrere Risse gleichzeitig aus, zersplittert das Glas.

Dieser Reißverschlusseffekt hat freilich auch sein Positives, nämlich für die Bearbeitung von Glasscheiben: Man kann diese problemlos und glatt in einer gewünschten Linie brechen, indem man sie dort einritzt. Damit wird der Reißverschlusseffekt buchstäblich in eine feste Bahn gelenkt. Bei Metallen ist so etwas nicht möglich; bei ihnen setzt sich ein Riss nicht fort, im Gegenteil: Die gleiche Kraft, die beim spröden Glas den Riss verlängert, »entschärft« ihn bei einem verformbaren Material. Einen Riss in einem Stück Kupfer kann man durch Klopfen wieder schließen, bei Glas geht das nicht.

Von Ameisen und Katzen – und anderen Viechereien

Warum glühen Glühwürmchen?

Glühwürmchen sind reizende Erscheinungen an lauen Sommerabenden. Das schwach glimmende, gelblich-grüne Licht dieser kleinen lebendigen Lampions stimmt den Betrachter irgendwie friedlich und zufrieden. Lampyris heißen die Tierchen in der Sprache der Biologen – da klingt der Lampion schon im Wort mit an. Würmer sind es freilich keine, sondern Käfer, genauer: Leuchtkäfer. Dass der Volksmund sie Würmchen nennt, hat damit zu tun, dass die Weibchen flügellos sind; auch die wurmartigen Larven haben Leuchtorgane. Die Leuchtpunkte, die durch die Luft schweben, werden also stets von männlichen Tieren ausgesandt. Die Weibchen klettern an Grashalmen hoch und senden von dort ihre Lichtsignale aus; das ist ihre Art, ein Männchen anzulocken – ein Lichtflirt, so könnte man sagen. Statt wie wir mit den Augen zu zwinkern, blinken sie mit dem am Hinterteil sitzenden Leuchtorgan. Dieses leuchtet also nicht immer, sondern geht ständig an und aus, als würden Glühwürmchen einen Lichtschalter bedienen.

Tatsächlich tun sie das auch, wie Forscher unlängst herausgefunden haben. Sie benützen hierzu einen chemischen »Schalter« in Form von Stickstoffmonoxid (NO), einem kleinen Molekül, das in Organismen vielfältige Aufgaben als Botenstoff übernimmt. Normalerweise ist die »Glühlampe« des Leuchtkäfers auf »aus« gestellt. Die Leuchtzellen im Hinterleib, Fotozyten genannt, in denen auf chemischem Weg Licht erzeugt wird, sind dunkel. Der Grund: Es gelangt kein Sauerstoff

zu ihnen, der zur Lichterzeugung nötig ist. Der Sauerstoff wird nämlich von den Mitochondrien, den Ener-
gielieferanten der Zelle, verbraucht. Diese liegen am
Rand der Fotozyten und versperren so dem Sauerstoff
den Zugang zu diesen, indem sie ihn vorher selber ver-
brauchen. Wenn jedoch auf ein Nervensignal hin in den
Zellen Stickstoffmonoxid freigesetzt wird, stellen die
Mitochondrien ihren Sauerstoffverbrauch sofort ein.
Damit wird gleichsam die Schranke für den Sauerstoff
zu den Fotozyten geöffnet – und das Licht wird »an-
geknipst«. Bei abnehmender NO-Konzentration nehmen die Mitochondrien ihre Arbeit wieder auf und das
Licht geht aus.

In den Tropen gibt es Leuchtkäferarten, bei denen
die Weibchen zu Tausenden die Bäume bevölkern und
alle im gleichen Rhythmus ihre Flirtlampen ein- und
ausschalten. Wie sie sich untereinander auf diesen gemeinsamen Rhythmus verständigen, ist den Forschern
zurzeit noch ein Rätsel.

Warum wachsen den Ameisen manchmal Flügel?

Die Antwort auf diese Frage ist ganz einfach: Den Ameisen wachsen gar keine Flügel, vielmehr haben sie von Anbeginn ihres Lebens welche – oder eben nicht. Unter den Ameisen gibt es nämlich drei Gruppen von Individuen; man spricht auch von Kasten: Weibchen, Männchen und Arbeiterinnen. Letztere sind geschlechtlich unterentwickelte Weibchen; sie machen die Hauptmasse eines Ameisenstaats aus, sind also jene, die wir gewöhnlich als Ameisen in der Natur wahrnehmen, nämlich als flügellose Ameisen.

Die Männchen und Weibchen hingegen besitzen Flügel. Diese Geschlechtstiere bekommt man meist gar nicht zu Gesicht, denn sie leben verborgen im Innern des Ameisenhaufens. Nur im Frühsommer, wenn die Jungweibchen ausfliegen und die Männchen ihnen folgen, um sie in der Luft zu begatten, fallen uns die geflügelten Ameisen in der Natur auf. Dann kommt es uns so vor, als wären den Ameisen auf einmal Flügel gewachsen oder als gäbe es eine besondere Art von »Flugameisen«.

Nach dem Begattungsflug werfen beide Geschlechter ihre Flügel ab. Die Männchen haben damit ihren biologischen Zweck erfüllt und sterben. Jedes nun befruchtete Weibchen sucht sich eine geeignete Stelle, um einen neuen Ameisenstaat zu gründen. Von da an bezeichnet man sie als »Königin«. Ihre einzige Aufgabe besteht fortan im Eierlegen. Jedes Weibchen wird nur einmal befruchtet; es sammelt den Samen in einer kleinen

Samentasche im Hinterleib. Es werden aber auch unbefruchtete Eier gelegt, aus denen Männchen hervorgehen;
aus befruchteten Eiern entstehen Weibchen beziehungsweise Arbeiterinnen.

Warum ersticken Ameisen nicht
in ihren Ameisenhaufen?

Die unter Naturschutz stehenden Roten Waldameisen bauen ihre oft über einen Meter hohen Hügel gern über vermodernden Baumstümpfen. Sie häufen sie aus den Nadeln von Tannen, Fichten oder Kiefern und trockenem Reisig auf. Diese meterhohen Nadelhaufen, in deren Innern die Wohnkammern verborgen sind, halten nicht nur den Regen ab, sondern erlauben den emsigen Tierchen auch die Regelung der Nesttemperatur. (Das Wort »emsig« leitet sich übrigens von »Emse« ab, einem alten, heute nicht mehr gebrauchten Wort für »Ameise«.) Hunderttausende von Ameisen bilden einen Ameisenstaat.

Auch wenn ein Ameisenhaufen kein luftdicht abgeschlossenes Bauwerk ist, müsste sich dennoch nach den Gesetzen der Biochemie im Innern des Baus das von den Ameisen ausgeatmete Kohlendioxid (CO_2) so stark in der Luft der Wohnkammern anreichern, dass die Tiere daran ersticken sollten. Aber das ist nicht der Fall.

Forscher haben durch Messungen herausgefunden, dass der CO_2-Gehalt der Luft im Innern eines Ameisenhaufens niemals über 0,4 Prozent klettert, egal, ob man zehn, zwanzig oder fünfzig Zentimeter unter der Hügelspitze misst. Damit ist die CO_2-Konzentration im Vergleich zur Außenluft (0,033 Prozent) im höchsten Fall um das Zehnfache erhöht. Eigentlich müsste im Zentrum des Hügels die CO_2-Konzentration stündlich um zwei Prozent ansteigen. Das haben Hochrechnungen auf der Grundlage von Atmungsmessungen an Ameisen ergeben. Hinzu kommt noch die CO_2-Produktion durch winzige Organismen etwa Bakterien –, die sich ebenfalls im Innern des Baus befinden.

Wie schaffen die Ameisen das? Nun, durch eine fein ausgetüftelte Klimatechnik, die auf sogenannter thermischer Konvektion beruht, was soviel heißt wie »Mitführung von Wärmeenergie«. Das bedeutet konkret für einen Ameisenhaufen: Im Zentrum des Baus, wo sich die meisten Ameisen aufhalten, weil dort die Nester liegen, herrscht auch die höchste Temperatur. Die Warmluft steigt aus diesem Zentrum im Bau nach oben und nimmt das Kohlendioxid mit, das ja ein Teil der Luft ist. Dieser entgiftende Luftstrom entweicht auf denselben Wegen ins Freie, die auch die Ameisen benützen – kleine Löcher, die als Ein- und Ausgänge dienen.

Aber nicht nur der Erstickungstod wird durch ein Entlüftungssystem verhindert, sondern die Bauweise eines Ameisenhaufens verhindert auch den Erfrierungstod im Winter. Selbst bei tagelangen Außentemperaturen von minus zwanzig Grad Celsius sinkt die Temperatur im Innern des Baus nicht unter minus drei Grad Celsius. Das lässt die Tiere zwar in eine Körperstarre verfallen, bei der der Stoffwechsel nahezu eingestellt ist, doch ist dieser Zustand durchaus nicht lebensbedrohlich. Also auch vor dem Kältetod, der ab minus zehn Grad Celsius eintreten würde, bewahrt sie ihre Bautechnik.

Ein Ameisenhügel wird nämlich äußerst locker aufgeschichtet mit vielen Luftkammern zwischen Nadel-

streu und Reisig. Diese wirken isolierend, nicht anders
als die Luftkammern in Ziegelsteinen. Wer bei Regenwetter an einem Ameisenhaufen vorbeikommt, fragt
sich natürlich, ob es in seinem Innern nach tagelangem
Regen nicht ungemütlich wird, nämlich patschnass.
Aber auch das verhindert diese geniale Bauweise. Nicht,
dass die Oberfläche des Ameisenhaufens wasserdicht
wäre. Im Gegenteil: Sie lässt Feuchtigkeit durch – aber
nicht sehr weit. Dadurch, dass viele kleine Nadeln eng
aneinander liegen, sickert das Wasser nicht immer tiefer
ein, sondern bleibt an den Nadeln hängen, sodass der
ganze Bau von einem Feuchtigkeitsmantel eingehüllt ist.
Diese durchtränkte Schicht schützt den Bau nicht nur
vor dem Austrocknen, sondern auch vor totaler Durch-
nässung. Der Regen perlt an diesem Feuchtigkeitsmantel
ab. Messungen zeigten, dass selbst nach einer eineinhalb-
wöchigen Regenzeit nur die obersten fünf Zentimeter
der Hügeldecke durchnässt waren. Tiefer vermochte das
Regenwasser nicht einzudringen.

Warum können Hummeln fliegen?

D u dicke, fette Hummel, was machst du für Gebrummel!« Darauf würde eine Hummel womöglich antworten (wenn sie denn sprechen könnte): »Weil ich im Vergleich zum Körper ziemlich kleine Flügel habe. Deshalb bin ich immer knapp am ›Abschmieren‹. Im Übrigen bin ich nicht fett.«

Ein Flugzeug droht dann »abzuschmieren«, wenn seine Flügel, um mehr Auftrieb zu erhalten, steiler gestellt werden. Sie erreichen irgendwann einen Punkt, an dem der Auftrieb schlagartig aussetzt, weil instabile, chaotische Wirbel an den Tragflächen entstehen. Deshalb dürfen Flugzeuge beim Start nicht zu steil nach oben gezogen werden.

Nach den Gesetzen der Aerodynamik (=Wissenschaft von den Kräften, denen in der Luft bewegte Körper ausgesetzt sind) dürfte eine Hummel gar nicht fliegen können. Aber das gilt für viele andere Insektenarten ebenso. Deshalb käme kein Flugzeugkonstrukteur auf die Idee, einen Flugapparat zu entwerfen, der einer Hummel auch nur im Entferntesten ähnlich sieht. Denn die gewöhnlichen Auftriebskräfte, die durch die Luftströmungen an den Flügeln entstehen, reichen nach den bekannten Gesetzen der Aerodynamik nicht aus, um das Körpergewicht zu tragen. Und wenn doch, dann müsste das Insekt sehr schnell fliegen, um genügend Auftrieb zu erzeugen. Dazu würde jedoch die Muskelkraft einer Hummel nicht ausreichen. Der typische langsame Schwebflug der Hummel von Blüte zu Blüte grenzt deshalb physikalisch an ein Wunder, zumal das Tier durch die Pollenfracht, die es an seinen Beinen wegtransportiert, immer schwerer wird.

Hummeln scheinen in der Lage zu sein, Naturgesetze – vor allem jene der Schwerkraft – außer Kraft zu setzen. Doch das können natürlich auch Hummeln nicht. Um den Flug der Hummel genauer zu erforschen, hat man einige Exemplare in einen Windkanal geschickt. Dabei ergab sich ein überraschendes Messergebnis, und zwar beim Sauerstoffverbrauch: Egal, wie schnell sich eine Hummel durch die Luft bewegt – sie verbrennt dabei immer die gleiche Menge von »Sprit«. Nach den Grundgesetzen der Physik müsste der Energieverbrauch bei Hochgeschwindigkeit und vor allem beim kraftraubenden Schweben stark ansteigen. Auch ein Hubschrauber verbraucht im Schwebeflug am meisten Kraftstoff. Bei der Hummel ist das aber nicht der Fall. Dieses Forschungsergebnis machte die Biophysiker lange Zeit ratlos. Unter den Vögeln geben die Kolibris, von denen viele Arten nicht größer sind als Hummeln, ähnliche Rätsel auf.

Würden Hummeln zum Fliegen einfach nur ihre Flügel auf und ab bewegen, wie das Vögel tun, so kämen sie niemals vom Boden hoch. Mit Hilfe größerer Flügelmodelle studierten Forscher die Strömungsverhältnisse unmittelbar an den Flügeloberflächen. Dabei zeigte sich, dass beim Abschlag des Flügels an der Vorderkante starke Wirbel entstehen, die nach den klassischen Gesetzen der Aerodynamik gar nicht entstehen dürften. Dass es sie dennoch gibt, liegt wahrscheinlich daran, dass diese Wirbel nicht aus kreisförmigen Luftbewegungen bestehen, sondern langgezogene Spiralen bilden. Das hat zur Folge, dass Luft vom Flügelansatz zu den Flügelspitzen verwirbelt wird. Normalerweise wären die zu erwartenden Wirbel äußerst kurzlebig, also völlig instabil. Diese wandernden Wirbel aber bleiben während der gesamten Phase der Abwärtsbewegung des Flügels bestehen. Dadurch entwickelt ein Flügelschlag mehr Tragkraft als eigentlich zu erwarten wäre.

Aber wie erzeugt das Insekt solche stabilen, spiraligen Wirbel hin zur Flügelspitze, wobei noch zu bedenken ist, dass eine Hummel ein- bis zweihundert Flügelschläge pro Sekunde vollführt? Die Natur selbst ermöglicht es ihr, indem sie die Insektenflügel so geformt hat, dass eine spiralige Wirbelströmung von Flügelansatz zu Flügelspitze entsteht.

Allein diese Wirbel sind es, die Hummeln – aber auch Fliegen, Schmetterlinge und andere Fluginsekten – zum Abheben bringen. Die kunstvollen Flugmanöver, die diese Insekten vollführen, sind damit aber noch nicht erklärt, vor allem nicht das Auf-der-Stelle-Fliegen. Diese Manöver werden dadurch möglich, dass die Flügel nicht einfach rauf und runter bewegt, sondern dabei auch noch um ihre Längsachse gedreht werden. Mit feinsten Variationen dieser Flügeldrehung kann die Luft gezielt verwirbelt werden, wodurch sich Geschwindigkeit und Flugrichtung von einem Sekundenbruchteil zum anderen verändern lassen.

Die von den Flügeln erzeugten Luftwirbel brechen aber nicht nach jedem Flügelschlag plötzlich ab, sondern

bestehen noch eine Weile fort, weshalb die Flügel mit
jedem neuen Schlag jene Wirbel kreuzen, die sie kurz
zuvor selbst erzeugt haben. Das bremst den Flug nicht
ab, wie man meinen könnte, sondern wirkt wie ein Sog
nach vorn. Das Insekt wird gleichsam im luftigen »Kiel-
wasser« seiner eigenen Bewegung nach vorn gezogen.
Letztlich sind es also höchst komplizierte Flügelverren-
kungen innerhalb von Sekundenbruchteilen, die es
Hummeln und anderen Insekten ermöglichen, die
Schwerkraft zu überlisten. Diese Fertigkeiten haben die
Insekten während 300 Millionen Jahren nach und nach
erworben. Begonnen haben sie vermutlich mit einfachen
Flughäuten, die sie als Tragflächen auseinander spreiz-
ten, um von Bäumen auf den Boden zu schweben. Zurück zu den Baumwipfeln mussten sie sich krabbelnd
mühen. Doch als sich am Ansatz dieser Häute irgendwann Gelenke entwickelten, wurde auch das Fliegen
gegen die Schwerkraft möglich. Immer größere Flügel
zu entwickeln war hierbei nicht der Erfolg verspre-
chende Weg, denn allzu große Flügel werden schnell
zum Hindernis. Also setzte die Natur auf kleine Flügel,
die aber auf kunstvolle Weise als Wirbelmaschinen eingesetzt werden.

Inzwischen sind Bionikforscher, also jene, die im
Grenzbereich von Biologie und Technik experimentie-
ren, bereits nahe daran, den Insektenflug nicht nur zu
verstehen, sondern künstliche Fluginsekten zu bauen.
Ein Prototyp sollte sich im Jahr 2004 zum ersten Mal
in die Luft erheben, nicht größer als eine Stubenfliege.
Der Rumpf wird aus federleichtem Stahl sein, die Dreh-

flügel aus einem besonderen Kunststoff. Auf den Flügeln sitzen winzige Solarzellen, die die Energie für den Flug erzeugen. Ein elektrischer Minimotor wird die Flügel 180-mal in der Sekunde auf und nieder schlagen lassen. Feinste Sensoren sorgen dafür, dass die Roboterfliege sicher durch Windböen und um Hindernisse manövrieren kann. Die Berechnungen dafür leistet ein winziger Prozessor, gewissermaßen das Hirn des fliegenden Roboters.

Warum fällt ein Gecko niemals von der Decke?

So ein Mauer-Gecko wäre ein amüsanter Mitbewohner, aber leider kommen diese Echsen in unseren Breiten nicht vor. Geckos heben warme Gegenden. Als Urlauber in südlichen Ländern haben wir uns gewiss schon das eine oder andere Mal über diese flinken Kriechtiere gewundert, wenn sie abends kopfunter an den Wänden oder sogar an der Decke hängend nach Insekten jagen. Wie kann das Tier, so fragen wir uns, seine waghalsigen Klettereien bewältigen, ohne abzustürzen? Wie findet es Halt an der glatten Zimmerdecke?

Diese Frage stellen sich die Biologen, seit Geckos Forschungsobjekte für sie sind. Die Gesetze der Schwerkraft scheinen für Geckos nicht zu gelten. Selbst auf poliertem Glas bleiben sie mühelos haften – und das gilt auch für die schwersten Arten unter ihnen. Früher nahm man an, die lamellenartigen Haftpolster an den Zehen besäßen eine Saugwirkung oder sonderten sogar eine klebrige Flüssigkeit ab. Eine solche wurde nur leider nie gefunden.

Erst im Jahr 2000 haben amerikanische Forscher entdeckt, dass die Haftwirkung in den Füßen der Geckos durch atomare Anziehungskräfte zustande kommt. Anstelle von Saugnäpfen oder Klebstoff besitzt jeder Gecko-Fuß etwa 500 000 feine Härchen, von denen sich jedes in bis zu 1000 winzige Fortsätze verzweigt. Die Forscher untersuchten die Haftfähigkeit dieser Härchen mit Hilfe eines Sensors unter dem Mikroskop. Als Erstes stellte sich heraus, dass die Haftwirkung sogar zehnmal größer ist als man bis dahin durch Untersuchungen am ganzen Geckofuß angenommen hatte.

Wenn alle Härchen aller vier Füße optimal an der Unterlage andocken, kann ein Gecko eine Haftkraft entwickeln, die einer Last von 40 Kilogramm entspricht. Ein Mauergecko aber wiegt gerade mal ein paar hundert Gramm. Eine solche Leistung lässt sich nur durch atomare Wechselwirkung erklären. Die Atome der Fußoberfläche verbinden sich vorübergehend mit den berührten Atomen der Wand und zwar durch eine schwache Bindungskraft, die in der Atomphysik als Van-der-Waals-Kraft bezeichnet wird. Diese atomare Bindungskraft kann nur dort auftreten, wo sich die Oberflächenteilchen zweier Körper extrem nahe kommen. Der Abstand zwischen ihnen darf nicht größer sein als der Durchmesser eines Atoms.

Ein Mauergecko läuft demnach direkt auf der atomaren Struktur der Wandoberfläche und zwar mit Hilfe von Milliarden feinster Fortsätze, die sich der atomaren Oberflächenstruktur des Gemäuers anpassen. Um den Fuß wieder von der Oberfläche lösen zu können, werden die Härchen unter einem ganz bestimmten Winkel »abgeschält« – als würde ein Klebeband abgezogen. Möglicherweise lässt sich diese Haftmethode des Geckos industriell nutzen, etwa bei der Entwicklung neuartiger Klebstoffe mit buchstäblich atomarer Haftkraft – ein Atomkleber im wahrsten Sinn des Worts.

Warum sehen Greifvögel so außergewöhnlich gut?

Auf diese Frage wird man intuitiv antworten: weil sie so scharfe Augen haben. Aber was macht deren Schärfe aus?, fragen wir uns als lästige Fragensteller. Denn im Prinzip funktioniert ein Adler- oder Falkenauge nicht anders als ein Menschenauge, wobei natürlich auffällt, dass Raubvogelaugen im Verhältnis zum Vogelkopf viel größer sind als Menschenaugen im Verhältnis zum Menschenkopf. Größere Augen können aber mehr Licht einsammeln als kleinere, weshalb ja die nachtaktiven Eulen unter den Greifvögeln überhaupt die größten Augen haben.

Doch diese Antwort ist nur die halbe Erklärung, zumindest was jene Greifvögel betrifft, die nicht vom Ansitz aus – also aus geringer Höhe – jagen, sondern im Sturzflug aus großen Höhen. Gemeint sind hier vor allem die Falken. Das erstaunliche Sehvermögen ihrer Augen beruht auf der Tatsache, dass sie auch auf den ultravioletten Bereich des Lichts reagieren. Das menschliche Auge vermag diese energiereiche, also kurzwellige Strahlung nicht wahrzunehmen.

Mit Hilfe des UV-Lichts können Falken die Spuren von Beutetieren – das sind vor allem Mäuse – aus der Luft wahrnehmen. Dadurch sind die Vögel in der Lage, beim Überfliegen eines Gebiets abzuschätzen, ob es sich für sie überhaupt lohnt, hier auf die Jagd zu gehen. Denn die Anzahl der Mäusespuren im Gelände gibt einen Hinweis auf die Dichte der Mäusebevölkerung.

Aber was haben, so fragen wir uns, die Mäusespuren mit UV-Licht zu tun? Nun, im Gegensatz zu ihren Feinden, den Greifvögeln, orientieren sich die kleinen Nager hauptsächlich über den Geruchsinn. Sie markieren ihre Reviere mit Hilfe von Duftstoffen in ihrem Kot und Urin. Das erleichtert den Mäusefamilien die Orientierung und unterstreicht den Besitzanspruch an einem Revier gegenüber anderen Mäusefamilien. Doch dieser Vorteil hat den Nachteil, dass den Falken der Beutefang erleichtert wird. Denn offensichtlich sind die Ausscheidungen der Mäuse im UV-Licht besonders gut sichtbar und erregen so die gesteigerte Aufmerksamkeit der Greifvögel. Der UV-Anteil im Sonnenlicht lässt die Kot- und Urinspuren regelrecht aufleuchten, freilich nur für Augen, die auf UV-Licht reagieren – vielleicht ist das ja auch gut so.

Warum verfliegen sich Zugvögel nie?

Der Mensch hält sich für das intelligenteste Lebewesen auf Erden, und das scheint berechtigt zu sein. Der Mensch hat in der Tat viele geistige Fähigkeiten, die den Tieren fehlen, etwa die, sich eifrig darum zu bemühen, die Erde unbewohnbar zu machen. Besonders intelligent ist das freilich nicht, und man ist geneigt, die Tiere zumindest in dieser Hinsicht für wesentlich klüger zu halten.

Daneben zeigen viele Tierarten auch noch Fähigkeiten, von der der Mensch nur träumen und die er noch immer nicht vollständig erklären kann. Dazu gehört auch die Orientierung der Zugvögel über Tausende von Kilometern hinweg. Wenn wir versuchen, uns in einen Zugvogel hineinzuversetzen, können wir uns nicht vorstellen, wie wir Wege über Kontinente hinweg ohne künstliche Hilfsmittel, also Landkarte und Kompass, finden sollten. Die Fähigkeiten der Zugvögel bei der Orientierung sind deshalb so rätselhaft, weil auch sie Wirbeltiere sind und damit kein grundsätzlich anderes Nervensystem zum Verarbeiten von Sinneseindrücken haben als der Mensch. Ja, ihr Nervensystem ist sogar viel einfacher gebaut als das des Menschen.

Zugvögel, aber womöglich auch andere Tierarten mit Wanderverhalten, scheinen einen sechsten Sinn zu haben, den der Mensch als »Krone der Schöpfung« nicht besitzt. Doch weil jeder Sinn eines Sinnesorgans bedarf, fragen sich die Forscher natürlich, welches das bei den Zugvögeln sein soll.

Nun ist seit dreißig Jahren bekannt, dass Zugvögel sich – neben dem Sonnenstand, den Sternen und auch Gerüchen – am Magnetfeld der Erde orientieren können. Aber wie? Das dazugehörige Sinnesorgan, das empfindlich genug wäre, um auf das schwache Magnetfeld der Erde zu reagieren, blieb bislang verborgen. Denn die Zoologen suchten in der falschen Richtung; sie suchten nach einer großen Struktur ähnlich dem Gleichgewichtsorgan.

Dann aber konnten im Jahr 1995 zwei amerikanische Forscher aus dem sogenannten Trigeminusnerv, der den Vogelschnabel versorgt, elektrische Signale ableiten, die den Vogel über die Intensität des Erdmagnetfelds informieren. Zwei Jahre später gelang es zwei Biologinnen an der Universität Frankfurt am Main, die winzig kleinen Rezeptoren (so nennt man organische Empfänger, die der Aufnahme äußerer Reize dienen) am Ende der Fasern des Trigeminusnervs aufzuspüren. Diese sind in der Lage, das Erdmagnetfeld zu »spüren«. Die Rezeptoren sitzen im Gaumendach des oberen Schnabels. In den Nervenenden fand man kleine Ansammlungen von Eisenoxid, genauer: von Magnetitpartikeln. Magnetit ist ein natürlich vorkommendes Eisenerzmineral, das stark magnetisch ist. Diese magnetischen Teilchen in den Rezeptoren können sich wie Kompassnadeln im Magnetfeld der Erde ausrichten.

Zugvögel besitzen also eine Art von Kompass in ihrem Schnabel. Aber nicht nur mit ihm orientieren sie sich auf den weiten Flügen nach Süden und zurück. Das Licht spielt dabei auch noch eine wichtige Rolle. Dabei muss es sich allerdings um energiereiches Licht handeln,

also solches mit genügend kurzer Wellenlänge, nämlich
weißes, grünes oder blaues Licht. In der Netzhaut der
Vögel regt dieses Licht die als Sehfarbstoff (Pigment)
dienenden Rhodopsinmoleküle an, worauf diese leicht
magnetisch werden und mit dem Erdmagnetfeld in
Wechselwirkung treten können. Das langwellige gelbe,
orange oder rote Licht hat diese Wirkung auf die »Seh-
moleküle« nicht, da es die für die Anregung der Pigmente erforderliche Mindestenergie nicht übertragen
kann. Mit diesem lichtabhängigen Sensor in den Augen
können die Vögel die Nord-Süd-Richtung bestimmen.
Über das lichtunabhängige Wahrnehmungsorgan im
Schnabel erstellen die Tiere hingegen eine Art »Landkarte« im Gehirn, in welcher die von Ort zu Ort verschiedenen erdphysikalischen Gegebenheiten abgespeichert werden. Dazu zählen wahrscheinlich die Neigung
der Magnetfeldlinien im Verhältnis zur Erdoberfläche –
sie ist an den Polen senkrecht, am Äquator nahezu parallel –, sowie die Stärke des Magnetfelds. Dieses ist
nämlich an den Polen etwa doppelt so stark wie am
Äquator. Diese »Landkarte« informiert die Vögel über
ihre genaue Position. Die beiden Orientierungssysteme
im Kopf eines Zugvogels ergänzen sich also, da sie
unterschiedliche Eigenschaften des Erdmagnetfelds
messen. Bei klarem Himmel richten sich Zugvögel
nachts wohl lieber nach dem Stand der Sterne, bei Tag
nach dem der Sonne oder anderen optischen Faktoren
in der Landschaft. Der Magnetkompass in Schnabel und
Augen dient aber vermutlich als ständiges Kontroll-
system und ist im Zweifelsfall für die Tiere maßgebend.

Warum fallen Katzen immer auf die Füße?

Wer eine Katze hat, kann es ja mal ausprobieren – sofern es sich um ein Tier handelt, das überhaupt Experimente mit sich anstellen lässt (Tierschützer bitte den folgenden Satz überspringen!): Man hält seinen »Stubentiger« an den Beinen hoch und lässt dann los. Innerhalb von Sekundenbruchteilen wird er sich im Fallen aus der Rückenlage um 180 Grad drehen und weich mit gestreckten Beinen auf dem Boden landen. Das ist eine angeborene Fähigkeit, die auch ganz junge Kätzchen beherrschen. Der ganze Bewegungsablauf geht so schnell, dass man ihm mit den Augen kaum folgen kann. Es muss auch schnell gehen, denn bereits nach einer halben Sekunde beträgt die Fallgeschwindigkeit 18 Kilometer pro Stunde. Die Gefahr ist also groß, sich bei einer missglückten Landung weh zu tun. Denn nach den Gesetzen der Physik wächst die Bewegungsenergie im Quadrat der Geschwindigkeit: Verdoppelt sich die Fallgeschwindigkeit, wächst die Bewegungsenergie um das Vierfache, das heißt der Aufprall ist schon viermal heftiger als bei halber Geschwindigkeit.

Seit der Mensch sich Hauskatzen hält, war er vermutlich fasziniert vom unglaublichen Geschick dieser geschmeidigen Tiere. Man sieht Katzen gerne zu, egal, ob sie in Aktion sind oder gar nichts tun. Im Jahre 1894 fing man sogar an, die Fallkünste der Katze wissenschaftlich zu betrachten. Die Akademie der Wissenschaften in Paris rief die Physiker auf, eine physikalische Erklärung zu liefern, wie Katzen es anstellen, aus der

Rückenlage so zu fallen, dass sie stets mit den Füßen auf dem Boden landen.

Seitdem haben sich Generationen von Physikern, voran die Kenner der Mechanik, darüber den Kopf zerbrochen. Doch die Gesetze der Mechanik ließen das, was am Katzenfall zu beobachten war, gar nicht zu – außer für den Fall, dass sich die Katze im Augenblick des Loslassens von den Händen abstoßen und so den nötigen Drehimpuls erhalten würde. Denn von nichts kommt nichts, so fordert die Physik. Will ich mich umdrehen, muss ich mich irgendwo abstoßen. Aber an der Luft kann man sich nicht abstoßen.

Genaue Versuche zeigten, dass sich die Katze ohne jede Abstoßung blitzschnell aus der Rückenlage zu drehen vermag, während sie fällt. Dafür reicht keinesfalls die winzige Abstoßung an der Umgebungsluft aus. Selbst wenn die Katze mit allen ihren Körperteilen wild durch die Luft rudern würde, könnten die Widerstandskräfte keine derart plötzliche Drehung zustande bringen. Selbst ein kräftiges Rudern mit dem Schwanz entgegen der Drehrichtung ist als Erklärung nicht stichhaltig. Dazu müsste sie ihren Schwanz schon mit der Geschwindigkeit eines Flugzeugpropellers drehen. Im Übrigen zeigten Experimente mit schwanzlosen Katzen, dass auch sie sich ebenso schnell und elegant in der Luft drehen können wie ihre geschwänzten Artgenossen.

Aber wie macht's nun die Katze? Man könnte darauf antworten: durch Zweitakt-Drehung. Mit einem kleinen Trick schafft es die Katze, ohne Abstoßung von sich aus in Drehung zu kommen. Sie dreht sich in zwei Takten. Das Problem besteht für die Katze ja darin, dass sie einen Teil ihres Körpers (zum Beispiel den vorderen Teil) nur drehen kann, indem sie gleichzeitig den anderen (hinteren) Teil im entgegengesetzten Sinn bewegt. Beide Drehimpulse heben sich gegenseitig auf, denn die Physik verlangt, dass der Gesamtdrehimpuls eines Körpers stets erhalten bleiben muss. Da dieser anfangs gleich null war, muss er auch während des Falls null bleiben.

Mit dem Zweitakt-Trick überlistet die Katze dieses physikalische Gesetz – unter Ausnutzung eines anderen physikalischen Gesetzes: der Veränderung des Trägheitsmoments durch Abspreizen beziehungsweise Anlegen von Vorder- und Hinterbeinen. Man kennt den Effekt, der dabei eintritt, von Eiskunstläufern, die Pirouetten drehen. Strecken sie die Arme von sich, erhöht sich ihr Trägheitsmoment mit der Folge, dass sie sich langsamer drehen. Legen sie ihre Arme eng an den Körper, verkleinern sie ihr Trägheitsmoment und drehen sich dadurch schneller.

Im ersten Takt – sofort nach dem Loslassen – spreizt die Katze ihre Hinterbeine weit vom Körper ab, stellt sie also quer zur Körperachse, und erhöht so das Trägheitsmoment der hinteren Körperhälfte. Gleichzeitig legt sie die Vorderbeine ganz eng an den Körper und macht dadurch das Trägheitsmoment der vorderen Körperhälfte so klein wie möglich. Wenn die Katze also im ersten Takt der Drehung ihre vordere Körperhälfte möglichst weit in die eine Richtung dreht, dreht sich die hintere Hälfte notgedrungen in die entgegengesetzte Richtung, aber langsamer. Im zweiten Takt, der sofort folgt, macht sie es umgekehrt: Sie spreizt die Vorderbeine ab und legt die Hinterbeine an den Körper. Am Ende der Zweitakt-Drehung haben sich beide Körperhälften im gleichen Sinn um etwa den gleichen Winkel gedreht.

Zu bedenken ist freilich, dass hier die Bewegungen der Katze wie die eines mechanischen Körpers beschrieben wurde. Weil Katzen aber Lebewesen sind, die Rumpf, Kopf, Beine und Schwanz unabhängig voneinander bewegen können, ist der tatsächliche Vorgang der Drehung im Fall wesentlich komplizierter. Durch ihr feines Muskelspiel steuert die Katze die Bewegungen. Wie sie das genau macht, ist nach wie vor ein Rätsel und weiß Gott nicht das einzige, das Katzen uns aufgeben. Aber gerade wegen ihres rätselhaften Wesens lieben wir sie.

Von Handys und Kühlschränken –
und anderen Nützlichkeiten

Warum erzeugt Reibung Wärme?

Reibung erzeugt Wärme. Das weiß jeder. So reiben wir intensiv die Hände aneinander, wenn sie vor Kälte ganz klamm geworden sind. Die Bewegungsenergie wird in Wärmeenergie umgewandelt. Aber warum erzeugt Reibung Wärme?

Nun, weil alles, was sich aneinander reibt, aus Atomen besteht – auch unsere Hände. Aus diesem Grund lassen sich alle Reibungsvorgänge letztlich auf das Wechselspiel jener Atome zurückführen, die sich an den Oberflächen der aneinander reibenden Stoffe befinden. Denn auf der atomaren Ebene sieht jede Oberfläche – auch eine, die uns ganz glatt erscheint – wie, die eines Reibeisens aus. Man kann zwei Oberflächen mit feinsten Schleifmitteln so lange polieren wie man will – die Reibung zwischen den beiden Oberflächen wird niemals null sein.

Man glaubt es nicht, aber erst seit dem Ende der Achtzigerjahre können die Physiker genau erklären, was die genauen Ursachen der Reibung sind. Diese Erkenntnis verdanken sie vor allem neuartigen Beobachtungsgeräten, etwa dem sogenannten Kraftmikroskop: Eine extrem feine Nadel fährt im Zick-Zack-Kurs über eine Oberfläche. Sie ist so empfindlich, dass sie durch winzigste Erhebungen von der Größe eines einzelnen Atoms ausgelenkt wird. Diese Auslenkung in der Größenordnung von millionstel Millimetern (= Nanometer) kann mit einem Laser wahrgenommen werden. Aus den Messwerten vermag der Computer eine Art von atomarer Oberflächenlandschaft zu erstellen. Das Gerät macht es zudem möglich, der atomaren Nadelspitze bei ihrem Lauf über die Oberfläche zuzusehen, also zu beobachten, was die vordersten Atome der Nadelspitze machen. Dabei stellten die Forscher fest, dass die Nadelspitze nicht beliebig über die Oberflächenatome springt, sondern den Weg des geringsten Widerstands nimmt. Das heißt, sie fährt eine Art Slalom. Doch ähnlich wie ein Slalom-Skifahrer, der an der einen oder anderen Slalomstange hängen bleibt, kann sich auch die Nadel an einzelnen Oberflächenatomen verhaken. Es bilden sich kurzzeitig sogenannte zwischenatomare Bindungen. Diese wirken wie Stahlfedern, die gespannt und entspannt werden. Das bedeutet, dass die Atomnadel auf ihrem Weg über die Oberfläche in eine »Haft-und-Rutsch-Bewegung« gerät. Für winzige Bruchteile einer Sekunde haftet sie an einem Oberflächenatom, um anschließend ruckartig weiterzuschnellen und an einem anderen Atom hängen zu bleiben.

Diese Sprünge der Nadel laufen immer gleich ab, unabhängig davon, wie schnell sie sich über die Oberfläche bewegt. Die Reibungskraft hängt allein von der Anzahl der Kontakte ab. Allerdings vergrößert sie sich mit der Kraft, mit der die Nadel auf die Oberfläche gedrückt wird, denn die Anzahl der Kontakte nimmt dann zu. Je mehr solche Kontakte zwischen Atomen stattfinden, desto stärker ist die Reibung. Das ist der Grund, weshalb glatte Oberflächen weniger Reibung erzeugen als raue.

Die Reibungswärme entspringt also den Atomen, die beim Aneinanderhaften und ruckartigen Weiterschnellen in Schwingung versetzt werden. Denn Wärme ist physikalisch nichts anderes als die elektromagnetische Strahlung, die von schwingenden Atomen ausgesandt wird.

Was für feste Stoffe gilt, gilt ebenso für flüssige und gasförmige. Wenn ich also einen Stock in der Luft hin und her bewege, entsteht ebenfalls Reibung, nämlich zwischen den OberflächenAtomen des Stocks und den Atomen, aus denen die Luftmoleküle bestehen, mit denen die Stockoberfläche bei der Bewegung in Berührung kommt. Jede Bewegung eines Körpers, die nicht in einem Vakuum geschieht, ist deshalb mit einem Energieverlust verbunden; diese Energie strahlt unwiederbringlich als Wärme in den umgebenden Raum ab.

Ohne Reibung wäre unser Alltagsleben praktisch unmöglich. Fiele die Reibung weg, könnte sich der Mensch zum Zweck der Fortbewegung nur noch auf den Raketenantrieb verlassen. Ohne Reibung könnten wir keinen Schritt vor den anderen setzen. Jeder Gehversuch endete, bevor er begonnen hätte. Jeder weiß ja, wie schwierig es ist, sich auf einer spiegelglatten Eisfläche vorwärts zu bewegen; dabei ist in so einem Fall noch jede Menge Reibung im Spiel.

Wo Reibung ist, ist aber auch Materialabrieb. Die aneinander reibenden Gegenstände reißen sich gegenseitig Atome beziehungsweise Moleküle aus ihren Oberflächen heraus. Man schätzt, dass alle Eisenbahnzüge der Welt pro Jahr etwa eine Million Tonnen Stahl zu feinem Staub zermahlen, wobei auch noch jede Menge Wärmeenergie »verpulvert« wird. Mindestens so viel

Gummiabrieb verteilen die Autos in der Landschaft, doch auch Fußgänger tragen durch Abrieb ihrer Schuhsohlen kaum weniger Material dazu bei. Jede Aktivität auf unserer Erde ist mit Reibung verbunden – ein aufreibendes Dasein im wahrsten Sinne des Wortes.

Warum erzeugt elektrischer Strom Wärme?

D as hat vermutlich schon jeder mal festgestellt: Ist ein
Elektrogerät längere Zeit in Betrieb, so strahlt das
Kabel, mit dem ihm der elektrische Strom zugeführt
wird, eine beträchtliche Wärme ab. Wärme, das haben
wir bereits im vorigen Kapitel festgestellt, beruht auf der
Schwingung der Atome, aus denen sich ein Körper zusammensetzt. Wir deuten Wärme als Bewegung der
Atome. Das muss natürlich auch für einen Metalldraht
gelten, der sich erwärmt, weil ein elektrischer Strom
durch ihn hindurch fließt. Wie die Oberflächenatome
eines Drahts durch Reibung in Schwingung versetzt
werden und deshalb Wärmestrahlung abgeben, so werden bei Stromfluss auch die Atome im Innern eines
Stromkabels durch eine Art Reibung in Schwingung
versetzt. Verursacher dieser Reibung sind die Elektronen, die sich im Metalldraht durch das Atomgitter
zwängen. Das Metallgitter steht der Driftbewegung der
Elektronen im Weg. Die Elektronen stoßen also bei ihrer
Wanderung durch den Draht an das Atomgitter und
bringen es in Schwingung, wobei sie selber etwas von
ihrer Bewegungsenergie abgeben. Elektrische Energie
kann deshalb niemals hundertprozentig genutzt werden, sondern ein bedeutender Teil dieser Energie wandelt sich in Wärme um, die ungenutzt in die Umgebung
abstrahlt.

Jeder Leiter eines elektrischen Stroms bringt also den
fließenden Elektronen einen gewissen Widerstand entgegen, je nachdem, wie das Atomgitter aufgebaut ist. Je

stärker der elektrische Strom ist, der einen Leiter durchströmt, das heißt je größer die Anzahl der driftenden Elektronen ist, desto mehr Zusammenstöße von Elektronen mit Atomen des Gitters ereignen sich. Und desto höher wird die Temperatur – und damit auch der Widerstand des Leiters.

Schicke ich also einen schwachen elektrischen Strom durch einen dicken Kupferdraht, so wird dessen Erwärmung gering ausfallen. Denn die driftenden Elektronen haben viel Platz. Bei einem sehr dünnen Draht müssen sie sich auf engem Raum durchs Gitter zwängen; es ereignen sich viele Zusammenstöße mit den Gitteratomen. Das hat zur Folge, dass der dünne Draht sehr schnell heiß wird, ja sich womöglich bis zur Weißglut erhitzt und schließlich verdampft.

Diesen Glüheffekt nutzt man bei der elektrischen Glühbirne aus. Ein extra dünner Draht aus Wolfram wird durch den Elektronenfluss zum Glühen gebracht. Um zu verhindern, dass er verbrennt, wird er in ein Vakuum eingeschlossen. Im Grunde ist eine Glühbirne jedoch eine unsinnige, weil extrem Energie verschwendende Erfindung. Sie soll Licht erzeugen – was sie auch tut –, doch die meiste Energie verpufft ungenutzt als Wärme. Glühbirnen sind eigentlich Heizkörper, die nur nebenbei ein wenig Licht erzeugen.

Wie kommt der elektrische Strom in die Batterie?

Das Wort »Energie« leitet sich von griechisch »enér-geia« ab, was »wirkende Kraft« bedeutet. Mit Energie ist die Fähigkeit gemeint, Arbeit zu verrichten. Das geschieht überall dort, wo ein beliebiger Körper durch eine auf ihn wirkende Kraft (Energie) bewegt wird, also einen Weg zurücklegt.

Energie kann niemals aus nichts entstehen; sie kann immer nur aus einer bereits vorhandenen Form in eine andere umgewandelt werden. Es gab nur ein einziges Ereignis im Universum, bei dem aus nichts Energie entstand: der Urknall. Im Urknall ist alle Energie entstanden, die das Universum beinhaltet. Bei jeder Energieumwandlung findet im Grunde eine Urknallenergieumwandlung statt.

Es gibt unterschiedliche Formen von Energie. Eine von ihnen ist die chemische Energie, wie sie uns zum Beispiel im Vorgang der Verbrennung ganz vertraut ist. Beim Verbrennen eines Stoffs wird die in ihm schlummernde chemische Energie – sie steckt in den Atomen, aus denen er besteht – in Wärmeenergie und Licht umgewandelt.

In einer Batterie schlummert ebenfalls chemische Energie, nur wird diese nicht in Wärmeenergie, sondern in elektrische Energie, also elektrischen Strom umgewandelt. In einer Batterie wird die chemische Eigenschaft bestimmter Stoffe – nämlich von Salzen, Säuren oder Laugen – benutzt, die bei ihrer Auflösung in Wasser in elektrisch geladene Atome oder Moleküle zerfallen, in sogenannte Ionen. Die einen sind positiv, die anderen negativ geladen. Zwischen diesen entgegengesetzt geladenen Ionen entsteht eine elektrische Spannung, die Zersetzungsspannung genannt wird. Diese wird genutzt, um Elektronen zum Fließen zu bringen, also elektrischen Strom zu erzeugen.

Das Grundprinzip einer Batterie besteht darin, in eine Salz-, Säure- oder Laugenlösung, Elektrolyt genannt, zwei verschiedene Metalle, zum Beispiel Kupfer und Zink, zu tauchen. Verbindet man beide Metalle mit einem Draht, so fließt ein elektrischer Strom, das heißt, es wandern negativ geladene Elektronen von der Zink- zur Kupferplatte. Zum Ausgleich fließt auch durch den Elektrolyten ein elektrischer Strom von positiv geladenen Ionen, ebenfalls vom Zink zum Kupfer. Wenn sich alle Ionen des Elektrolyten an der Kupferplatte abgeschieden haben und dabei entladen wurden, ist die Batterie leer; der Elektrolyt besteht dann nur noch aus Wasser. Dann ist keine gespeicherte chemische Energie mehr im System vorhanden.

In einer wiederaufladbaren Batterie kann man den ganzen Prozess durch Einspeisen von elektrischer Energie wieder rückgängig machen: Die aufgenommenen und dabei entladenen Ionen werden von der Kupferplatte wieder ins Wasser abgeschieden.

Während in den großen Autobatterien tatsächlich flüssige Elektrolyte verwendet werden – etwa verdünnte Schwefelsäure –, befinden sich in den kleinen Batterien, die wir für Walkman oder Taschenlampe verwenden, trockene Elektrolyte.

Warum kühlt ein Kühlschrank?

Es gibt zwei Arten von Kühlschränken: die leeren und die vollen. Kühlen tun sie beide auf die gleiche Weise. Aber wie? Warum ein Ofen heizt, wissen wir: weil in ihm etwas verbrannt wird, sei es Holz, Kohle, Erdöl oder Erdgas. Verbrennung erzeugt Wärme. Das ist einfach so. Aber wie erzeugt ein Kühlschrank Kälte? Grundsätzlich ist Kühlen nichts anderes als Herabsetzen der Temperatur eines Stoffs; das geschieht, indem man ihm Wärme entzieht.

Wenn uns die Sommerhitze zum Schwitzen bringt, dann macht der Körper nichts anderes, als sich selber Wärme zu entziehen und sie an die umgebende Luft abzuführen. Der Körper sondert Flüssigkeit (Schweiß) ab, der auf der Haut verdunstet. Die Hautoberfläche wird dann zum »Kühlschrank« des Körpers, beziehungsweise zur Kühlschicht. Verdunsten heißt, dass der flüssige Schweiß durch die Wärmezufuhr des Körpers in den gasförmigen Zustand übergeht. Dabei tragen die Gasteilchen, die von der Haut aufsteigen, Wärmeenergie mit sich fort. Dadurch entsteht an der Hautoberfläche ein Kühleffekt.

Ein Kühlschrank macht im Prinzip nichts anderes: Er nimmt in seinem Innern Wärme auf und führt sie nach außen ab. Was er an Wärme an den Außenraum abgibt, entzieht er der Luft im Innern des Kühlschranks. Freilich macht er das nicht durch Schwitzen.

Ein Kühlschrank oder eine Klimaanlage ist ein Gerät, das gegen ein Grundgesetz der Natur anarbeitet: dem

Wärmefluss von höherer zu niederer Temperatur. Wärme ist stets um Ausgleich bemüht – und das gilt für jeden Ort des Universums. Sofern eine entsprechend wärmeleitende Verbindung vorhanden ist, gelangen Bereiche unterschiedlicher Temperatur durch Wärmefluss auf einen gemeinsamen Mittelwert. Hierin liegt zum Beispiel der Grund, wieso sich ein Zimmer im Sommer auch bei geschlossenen Fenstern stetig erwärmt. Je nachdem, wie gut die Wände isolieren, braucht es eine gewisse Zeit, bis im Zimmer die gleiche Hitze herrscht wie draußen. Durch das Geschlossenhalten der Fenster kann dieser Wärmeausgleich nur hinausgezögert werden.

Ein Kühlschrank macht nun nichts anderes als die von außen kommende Wärme wieder dorthin zurück zu transportieren. Dieser Wärmeabtransport ist aber nur durch einen entsprechenden Energieaufwand möglich, der für die Pumpen geleistet werden muss, die ein geeignetes Kühlmittel durch einen geschlossenen Kreislauf schicken.

Das Kühlmittel durchläuft dabei zwei Aggregatszustände: mal ist es Flüssigkeit, dann wieder Gas. Der Aggregatswechsel wird durch Druckänderung erreicht. Dem liegt die physikalische Erkenntnis zugrunde, dass Gase sich bei genügender Verdichtung verflüssigen, wobei sie Wärme an die Umgebung abgeben. Wird die Flüssigkeit bei Verminderung des Drucks dann wieder zum Gas, so nimmt es aus der Umgebung Wärme auf, das heißt, es kühlt diese Umgebung ab.

Bei der Konstruktion eines Kühlschranks muss man also nur darauf achten, dass das flüssige Kühlmittel in einem Verdampfer durch Druckverminderung zum Gas wird, bevor es über das Leitungssystem ins Kühlschrankinnere gelangt. Dort, wo das Leitungssystem wieder nach außen führt, muss ein Kompressor das Gas wieder durch Druck verflüssigen, wobei es Wärme an die Außenluft abgibt. Dieser Kreislauf des Kühlmittels, der ein Wechselspiel von Flüssigkeit und Gas darstellt, wird durch eine Pumpe in Gang gehalten. Ein Kühlschrank produziert also nicht nur Kälte (im Innern), sondern ebenso Wärme, die er nach außen abgibt; sie wird buchstäblich von innen nach außen geschöpft.

Warum kann ein Stoff zum Brennstoff werden und ein anderer nicht?

Die Verbrennung ist der in der Natur häufigste und uns von daher auch vertrauteste chemische Vorgang, gerade auch in seinen unangenehmen Folgen: wenn wir uns nämlich gebrannt haben. Was mit »brennen« gemeint ist, weiß jeder, der schon mal ein Feuer gesehen hat, egal, ob als Kerzenflamme, Lagerfeuer oder Feuerwerk. Wo etwas brennt, ist stets das chemische Element Sauerstoff (chemisches Zeichen O für Oxygenium) aktiv. Doch nicht alle der übrigen 91 in der Natur vorkommenden chemischen Elemente eignen sich als Verbrennungspartner für den Sauerstoff.

Unter »Brennstoffen« verstehen wir jene Elemente, die geeignet sind, sich unter Abgabe intensiver Wärme- und Lichtenergie mit Sauerstoff zu verbinden. Neben dem Wasserstoff (chemisches Zeichen H für Hydrogenium) ist es vor allem der Kohlenstoff (chemisches Zeichen C für Carboneum), mit dem der Sauerstoff sich unter Licht- und Wärmeabgabe besonders gern verbindet.

Beim Wasserstoff ist es so, dass ein Sauerstoffatom zwei Wasserstoffatome an sich reißt. Dabei entsteht Wasserdampf. Wasserstoff verbrennt also zu Wasser. Sind viel Sauerstoff und Wasserstoff vorhanden, kommt es zu einer äußerst heftigen Verbrennung; man spricht von einer Explosion.

Beim Kohlenstoff ist es so, dass zwei Sauerstoffatome sich ein Kohlenstoffatom teilen. Weniger heftig entsteht dabei Kohlendioxid (CO_2), jenes Gas, das wir auch ausatmen. Daraus können wir schließen, dass auch in unserem Körper Verbrennung stattfindet. Dass diese Verbrennung unter geringerer Freisetzung von Energie abläuft als beim Wasserstoff, hat damit zu tun, dass der Kohlenstoff weniger reaktionsfreudig ist. Man benötigt beim Kohlenstoff eine wesentlich höhere Zündtemperatur als beim Wasserstoff, um die Verbrennung in Gang zu setzen.

Nun ist es so, dass in der Natur zahllose Stoffe vorkommen, die sich ausschließlich oder hauptsächlich aus Wasserstoff- und Kohlenstoffatomen zusammensetzen. Man nennt sie organische Stoffe. Mit »organisch« ist lebendig gemeint. Bei den organischen Stoffen handelt es sich also um jene, die ausschließlich in Organismen vorkommen beziehungsweise von Organismen erzeugt werden. Letztlich sind alle Lebewesen ideale Brennstoffe, weil sie chemisch auf der Basis von Kohlenwasserstoffverbindungen aufgebaut sind. Oder besser: Lebewesen sind ideale Brennstofflieferanten.

So stammen unsere vertrauten Brennstoffe allesamt von lebenden Organismen, also Pflanzen oder Tieren. Steinkohle zum Beispiel ist versteinertes Holz. Erdöl entstand aus abgestorbenen Meerestieren, die wegen Sauerstoffmangels nicht verwest sind, sondern Faulschlamm bildeten. Dieser wurde durch Bakterien in Erdöl umgewandelt. Tatsächlich besteht Erdöl aus etwa 85 Prozent Kohlenstoff und etwa 15 Prozent Wasserstoff.

Wie bereits erwähnt: Auch in unserem Körper, das heißt in den Körperzellen, werden unablässig Kohlen-

wasserstoffverbindungen verbrannt. Die dabei entstehende Wärme garantiert unsere Körpertemperatur
von 37 Grad Celsius. Den »Brennstoff«, mit dem wir
heizen, nehmen wir durch die Nahrung in Form von
Kohlehydraten, Fetten und Eiweiß zu uns. Das Wort
»Kohlehydrat« weist ja schon auf seinen Brennstoff-
charakter hin. In gewisser Weise ist ein Organismus
nichts anderes als ein »organischer Ofen«. Der zur Verbrennung in unseren Körperzellen nötige Sauerstoff
wird mit dem von der Lunge kommenden Blut zu den
Zellen geführt. Die Verbrennung in unserem Körper
findet freilich ohne Lichtentwicklung statt; es entsteht
nur Wärme.

Mit Hilfe bestimmter organischer Verbindungen, die
man Enzyme nennt, gelingt dem Organismus die Verbrennung schon bei niedriger Temperatur. Die Enzyme
funktionieren als sogenannte Katalysatoren, das heißt
als Stoffe, die durch ihre bloße Anwesenheit die Verbrennung bei niedriger Zündtemperatur herbeiführen
und je nach Bedarf steuern, ohne dass sie selbst an der
chemischen Reaktion teilnehmen. Es bedarf also keiner
Zündflamme, um die Verbrennung in den Zellen zu
aktivieren. Normalerweise sind etwa 400 Grad Celsius
nötig, damit Kohlenstoff in Form von Holzkohle zu
brennen anfängt. Doch wir essen ja keine Holzkohle.
Dennoch: Der Mensch ist ein Ofen. Wenn wir Nahrung
zu uns nehmen, legen wir Brennstoff nach.

Warum fahren Autos mit Benzin
und nicht mit Wasser?

Gewöhnliche Autos fahren mit Benzin oder mit Diesel-
treibstoff. Beides wird aus Erdöl gewonnen. Erdöl
entstand vor Jahrmillionen aus abgestorbenen Klein-
organismen (Algen und Krebsen). Sie bestanden chemisch – wie alles Lebendige – aus Kohlenwasserstoffverbindungen. Diese wurden durch Bakterien in andere
Kohlenwasserstoffverbindungen umgewandelt. Erdöl –
und somit auch Benzin – ist ein Gemisch aus Kohlen-
wasserstoffen.

Wir fahren also streng genommen mit Meerestieren
im Tank. Benzin ist ein idealer Brennstoff, weil es einerseits sehr reaktionsträge ist, andererseits sehr viel Energie
freisetzt, wenn es bei entsprechender Zündtemperatur
schließlich doch reagiert, also verbrennt. Beim Benzin
muss man also nicht befürchten, dass es sich im Tank von
selber entzündet, etwa im Sommer, wenn das Auto stun-
denlang in der prallen Sonne steht. Allerdings hat Benzin
einen sehr niedrigen Siedepunkt; es verdunstet schon bei
60 Grad Celsius und bildet dann zusammen mit Luft ex-
plosive Dämpfe, die auch noch gesundheitsschädlich sind,
wenn sie eingeatmet werden. Durch seine Reaktionsträg-
heit ist Benzin nebenbei auch noch sehr lagerungsbestän-
dig. Nur so konnte das Rohöl über Millionen von Jahren
unter der Erde lagern, ohne sich zu zersetzen.

Dass Autos mit Benzin fahren und nicht mit Wasser
hat einen einfachen Grund: Wasser ist kein Brennstoff;
es ist selbst das Endprodukt einer Verbrennung, nämlich

der von Wasserstoff. Wasserstoff wäre im Grunde der ideale Kraftstoff für Autos; es gäbe bei der Verbrennung keinerlei Rückstände in Form von gesundheitsschädlichen Abgasen. Aus dem Auspuff käme nur Wasser. Nun ist Wasserstoff zwar das mit Abstand häufigste Element im Universum (75 Prozent), aber es kommt auf der Erde praktisch nur in gebundener Form, vor allem im Wasser, vor. Zwar kann man Wasser unter Einsatz hoher elektrischer Energien wieder in seine atomaren Bestandteile (Wasserstoff und Sauerstoff) zerlegen, doch der Aufwand wäre enorm und damit der Wasserstoff fürs Auto sehr teuer. Allerdings wird intensiv an der Entwicklung von Wasserstoffautos gearbeitet, das heißt, es wird nach energetisch günstigen Methoden der Wasserstoffgewinnung gesucht. Japanischen Forschern ist es unlängst gelungen, eine neue Methode zu entwickeln, mit der sich aus Wasser und Sonnenlicht Wasserstoff erzeugen lässt. Sie verwendeten dabei einen Fotokatalysator aus verschiedenen Metalloxiden, der den sichtbaren Anteil des Sonnenlichts in elektrische Energie umwandelt. Dabei wird Wasser in Wasserstoff und Sauerstoff zerlegt, nicht anders, als das auch Pflanzen tun. Während Pflanzen jedoch drei bis vier Prozent des auf die Blätter treffenden Lichts nutzen können, schafft der japanische Fotokatalysator nur einen Bruchteil davon. Doch die Forscher sind zuversichtlich, dass die Energierate noch verbessert werden kann. Es kann also durchaus sein, dass in nicht allzu ferner Zukunft unsere Autos mit Wasserstoff fahren – und man das wertvolle Erdöl für Wichtigeres verwendet.

Wie kommen die Bilder in den Fernsehapparat?

Unsere technische Welt vermittelt den Eindruck, als funktioniere sie ganz einfach. Meistens funktioniert sie auf Knopfdruck. Wer denkt schon daran, dass er mit dem Knopfdruck an einem Gerät meist hochkomplizierte Prozesse in Gang setzt. Freilich gibt es auch Alltagsgeräte, die tatsächlich ganz einfach funktionieren, etwa ein Fön, bei dem halt Luft mittels eines Ventilators über glühende Drähte geleitet wird; das ist alles.

Doch nicht weniger selbstverständlich als einen Fön benützen wir ein Handy, einen Videorecorder, CD-Player, Computer oder Fernsehapparat, obwohl diese Geräte in ihrem Aufbau und ihrer Funktionsweise ziemlich kompliziert sind. Wir wollen uns hier nicht über Gebühr quälen mit Funktionsbeschreibungen für alle eben genannten Geräte. Wir quälen uns stellvertretend am Fernsehapparat.

Um es gleich zu sagen: Wir werden auch die Funktionsweise eines Fernsehgeräts nur in groben Umrissen darstellen können, gerade mal so, dass wir am Ende eine Ahnung haben, was in der »Glotze« eigentlich so vor sich geht. Wollte man einen Fernsehapparat ganz und gar verstehen, müsste man Elektrotechnik studieren. Freilich gilt das im Grunde für alle Rätsel des Alltags – und nicht nur für die elektronischen. Schon das vollkommene Verständnis eines einzigen Staubkorns ist kaum möglich. Selbst Staubkörner bergen für die Wissenschaft noch jede Menge ungelöster Fragen. Das hat damit zu tun, dass die Materie in ihren elementarsten Einheiten noch einige Fragen offen hält.

Womit wir uns lange genug um den »Fernseher« herumgedrückt hätten. Dieses Gerät – wie auch der Filmprojektor im Kino – ist eine technologische Antwort auf den ganz speziellen Aufbau des menschlichen Auges. In ihm ist die sogenannte Netzhaut mit einigen Millionen winziger lichtempfindlicher Sehzellen bedeckt. Diese sind über Nervenfasern mit dem Sehzentrum des Gehirns verbunden. Denn wir sehen zwar mit unseren Augen, doch als Bilder nehmen wir das Gesehene im Gehirn wahr. Bilder, und zwar gerade die fantastischsten unter ihnen, können wir auch mit geschlossenen Augen wahrnehmen, etwa im Traum.

Bei den Sehzellen der Netzhaut lassen sich zwei Arten unterscheiden: die sogenannten Zäpfchen, die auf Farben, also auf feinste Unterschiede in der Wellenlänge des Lichts reagieren, und die sogenannten Stäbchen, die Hell-Dunkel-Unterschiede registrieren.

Das durch die Augenlinse auf die Netzhaut fallende Licht wird also in viele Millionen Rasterpunkte zerlegt, entsprechend den Millionen Sehzellen, die durch das Licht gereizt werden. In jeder einzelnen Sehzelle werden entsprechend der Stärke des auftreffenden Lichts feine elektrische Reize ausgelöst und ans Gehirn weitergeleitet. In diesen elektrischen Signalen ist das Bild verschlüsselt. Aus ihnen erzeugt das Gehirn das Bild, das wir wahrnehmen. Wie das Gehirn das macht, ist noch kaum erforscht.

Der betrachtete Ausschnitt der Wirklichkeit wird also, verschlüsselt in elektrischen Signalen, punktweise zum Gehirn geleitet. Dennoch nehmen wir kein in Millionen Rasterpunkte zergliedertes, sondern ein homogenes Bild wahr.

Die Netzhaut unseres Auges hat also eine Art Mosaikstruktur. Das homogene Bild, das unser Gehirn wahrnimmt, ist in gewisser Weise eine Sinnestäuschung, da es auf vielen winzigen »Sehpünktchen« auf der Netzhaut beruht. Das hat für unser Sehen schwer wiegende Folgen: Wir können nicht beliebig scharf sehen; es gibt eine untere Grenze, bis zu der wir zwei Punkte noch als solche unterscheiden können. Und zwar gelingt uns die Unterscheidung zweier Punkte nur dann, wenn zwischen den beiden Sehzellen, die die Abbilder der beiden Punkte auf der Netzhaut empfangen, noch eine freie Sehzelle liegt. Fallen die Abbilder der beiden Punkte auf zwei unmittelbar benachbarte Sehzellen oder gar nur auf eine einzige, so können wir die beiden Punkte nicht mehr unterscheiden. Wollen wir also zum Beispiel zwei Punkte in einem Abstand von 30 Zentimetern noch als getrennte Punkte wahrnehmen, so müssen sie einen Mindestabstand von 0,1 Millimetern haben. Liegen die Punkte enger zusammen, können wir sie nicht mehr als Einzelpunkte unterscheiden. Das bedeutet aber, dass wir ein Bild, das in diesem Abstand vor uns liegt und aus lauter winzigen Punkten von etwa 0,05 Millimetern aufgebaut ist, gar nicht mehr als Punktbild erkennen können. Wir sehen stattdessen

ein homogenes Bild – und unterliegen damit einer Sinnestäuschung.

Womit wir noch immer kein einziges Wort über den
Fernsehapparat verloren hätten. Doch ohne diese Vor-
bemerkung zum menschlichen Sehen wäre es uns nicht
möglich, seine Bilderzeugung zu verstehen. Wie unser
Gehirn nur das in der Wirklichkeit wahrnehmen kann,
was ihm an elektrischen Signalen von den Sehzellen
gesendet wird, so der Fernsehapparat nur das, was an
elektrischen Signalen von einem Sender zu ihm geschickt wird, sei es über ein Kabel oder über eine Funk-
antenne. Der Sender kann allerdings auch nur das an
Signalen senden, was zuvor von einer Kamera (gewissermaßen das künstliche Auge) registriert wurde.

Tatsächlich war die Fernsehkamera ursprünglich der
Netzhaut des menschlichen Auges nachgebildet. Man
nannte diese Ur-Kamera Ikonoskop (Bildseher). Es war
in den zwanziger Jahren des vergangenen Jahrhunderts
von dem Russen Vladimir Zworykin konstruiert worden. Das Ikonoskop bestand aus zwei Teilen: einer Bildspeicherplatte und einem Ablenkungssystem für einen
Elektronenstrahl. Beides befand sich in einem luftleeren
Glaskolben. Die Bildspeicherplatte entsprach der Netzhaut unseres Auges; sie bestand aus einer den elektrischen Strom *nicht* leitenden dünnen Glimmerfolie. Auf
ihr waren Millionen winzige Tröpfchen aus Cäsiumoxid
aufgedampft – ein Mosaik kleinster Fotozellen, die den
Stäbchen und Zapfen des Auges entsprechen. (Fotozellen beruhen auf dem sogenannten lichtelektrischen

Effekt: Licht vermag aus bestimmten metallischen Oberflächen Elektronen herauszuschlagen und so einen elektrischen Strom auszulösen, einen »Fotostrom«, so könnte man sagen.)

Die Linse der Fernsehkamera wirft nun die Szene vor der Kamera auf das Mosaik dieser Fotozellen. Jede einzelne Zelle gibt dann eine bestimmte Anzahl von Elektronen ab; die Menge entspricht der Menge des auftreffenden Lichts. So entsteht auf der Bildspeicherplatte eine Art Ladungsbild aus Millionen punktförmiger elektrischer Ladungen. Dieses Ladungsbild wird nun in Bruchteilen einer Sekunde von einem Elektronenstrahl abgetastet. Er überstreicht zeilenweise die Bildspeicherplatte wie ein blitzschneller Schreibstift, wobei das Bild in über 600 waagrechte Zeilen zerlegt wird. Über diese Zeilen rast der Elektronenstrahl mit einer Geschwindigkeit von fast 1000 Metern pro Sekunde hinweg. Der Elektronenstrahl beginnt zum Beispiel mit seinem Abtasten links oben auf der Bildspeicherplatte am Anfang der ersten Zeile, rast in etwa 0,000064 Sekunden von links nach rechts bis zum Ende der ersten Zeile und springt dann zum Anfang der zweiten Zeile zurück. Jetzt beginnt der Vorgang des Abtastens von neuem, Zeile für Zeile. 625 Zeilen werden auf diese Weise in ½₅ Sekunde abgetastet. Der Elektronenstrahl befindet sich dann in der rechten unteren Ecke der Bildspeicherplatte und springt von dort blitzschnell diagonal über das Bild zum Anfang der ersten Zeile zurück – und der ganze Ablauf beginnt von neuem. Auf diese Weise gelingt es der Fernsehkamera, ein optisches Bild in eine Hintereinanderfolge von elektrischen Signalen zu verwandeln.

Im Fernsehapparat werden die Vorgänge in der Fernsehkamera gewissermaßen nur umgekehrt. Die elektrischen Bildsignale, die der Fernsehapparat – vermittelt über die Sendeanlage – geliefert bekommt, müssen nun wieder in ein optisches Bild »umgeschrieben« werden. Diese Arbeit leistet wiederum ein Elektronenstrahl, dessen Intensität auf einem Leuchtschirm sichtbar gemacht wird. Die Bildröhre eines Fernsehapparats funktioniert also im Prinzip nicht anders als das Ikonoskop einer Fernsehkamera; sie bedient sich ebenfalls eines ablenkbaren Elektronenstrahls, der über den Leuchtschirm rast.

Der Leuchtschirm besteht aus einer Glasplatte mit dünner Leuchtschicht aus einem Material, das bei Aufprall von Elektronen Licht aussendet. Der unsichtbare Elektronenstrahl, der wiederum zeilenweise über den Bildschirm rast, wird dadurch sichtbar gemacht. Je höher die Intensität des Elektronenstrahls ist, desto heller ist der Leuchtpunkt auf dem Schirm.

Entscheidend für die richtige Bildwiedergabe ist nun, dass der Elektronenstrahl in der Kamera und jener in der Bildröhre des Fernsehapparats sich exakt zeitgleich bewegen. Ist also der Elektronenstrahl in der Kamera exakt am Anfang der 341. Zeile der Bildspeicherplatte, muss der Elektronenstrahl in der Bildröhre auch an dieser Stelle auf dem Leuchtschirm sein.

Das homogene Bild auf dem Leuchtschirm setzt sich wiederum aus Millionen von Lichtpunkten zusammen,

die der rasende Elektronenstrahl zeilenweise dort aufleuchten lässt. Die Unschärfe und Trägheit unseres Auges täuscht ein einheitliches Bild nur vor, wo in der Tat
nur ein ständig wechselndes Mosaik aus flirrenden
Lichtpunkten existiert. Fernsehen ist pure Illusion.
Doch im Grunde ist jede Wahrnehmung Illusion – ein
verwirrendes Spiel elektrischer Signale auf dem »Bildschirm« unseres Gehirns, den es freilich gar nicht gibt.

Warum können wir telefonieren?

Das Wort »telefonieren« bedeutet »fernsprechen«. Zum Fernsprechen sind wir alle von Natur aus in der Lage; wir müssen nur besonders laut rufen und dabei die Hände als Schalltrichter benutzen, um einem entfernten Menschen etwas mitzuteilen. Natürlich darf die Entfernung nicht allzu groß sein. Doch in geeigneter Umgebung, etwa im Gebirge, ist es durchaus möglich, über Kilometer hinweg »fernzusprechen«. Denn von den felsigen Berghängen wird der Schall besonders gut reflektiert und weitergeleitet.

Beim Telefonieren geht es also um Schallübertragung über eine größere Entfernung hinweg. Ein primitives Telefon wäre zum Beispiel ein langer Gartenschlauch. Während jemand an dem einen Ende hineinspricht, muss der andere sein Ohr ans andere Schlauchende halten. Selbst geflüsterte Worte sind dann noch gut zu verstehen. Die Schwingungen der Stimme breiten sich automatisch in der Luft aus, die sich im Schlauch befindet; sie werden durch den Schlauch gebündelt und daran gehindert, sich in alle Richtungen auszubreiten. Vielmehr werden sie gezielt in eine Richtung, nämlich zum Ohr des Gegenüber, gelenkt.

Das Telefon ist im Grunde nichts anderes als der Versuch, Schallwellen in eine ganz bestimmte Richtung zu lenken, nämlich dorthin, wo der Mensch ist, mit dem man sprechen will. Doch über größere Entfernungen sind Gartenschläuche als Telefon ungeeignet, denn die

Schallwellen verlieren sehr schnell an Kraft und lösen sich irgendwann ganz auf.

Es gibt allerdings die Möglichkeit, die mechanische Energie von Schallwellen in elektrische Energie umzuwandeln, gemäß jenem Naturgesetz, das da besagt, dass jede Energieform in jede andere verwandelt werden kann. Daran dachten auch die beiden Amerikaner Alexander Graham Bell und Thomas Watson, als sie im Jahre 1872 ein elektromagnetisches Telefon bauten und vier Jahre später patentieren ließen. Beide hatten jahrelang Versuche angestellt, ehe es ihnen gelang, einen »sprechenden Telegrafen« herzustellen. Telegrafieren, also »fernschreiben«, konnte man damals schon. Ein Fernschreiber funktioniert in etwa so, dass ein Draht zu einem Gerät mit einer Scheibe führt, auf der Buchstaben stehen. Betätigt man einen Schalter, dann fließt ein elektrischer Strom. Je nachdem, wie viel Strom man fließen lässt, zeigt eine Nadel unterschiedliche Buchstaben auf der Scheibe an. Diese kann man dann aufschreiben und zu ganzen Wörtern und Sätzen zusammenfügen, ein ziemlich umständlicher Vorgang, wie man sich denken kann. Das Ganze war deshalb so umständlich, weil jedem der 26 Buchstaben des Alphabets ein bestimmtes Stromsignal zugeordnet war.

Schon wesentlich einfacher ging das Morsen, das der Amerikaner Samuel Morse 1837 erfunden hatte. Beim Morsen werden nicht 26 verschiedene Signale über die Leitung geschickt, sondern nur zwei: ein kurzes und ein langes, dargestellt als Punkt beziehungsweise Strich. Der Buchstabe A wird zum Beispiel als ». –« codiert, der

Buchstabe B als »– …« Das berühmteste Morsezeichen ist SOS, der internationale Hilferuf: dreimal kurz, dreimal lang, dreimal kurz, also »… – – – …«. Doch auch das Morsen, das heutzutage kaum noch angewandt wird, erschien Bell und Watson noch viel zu umständlich. Sie wollten eine gesprochene Unterhaltung auch als solche übertragen und nicht verschlüsselt.

Ihre Grundidee dabei war: Wenn die gesprochene Mitteilung sich wellenförmig in der Luft ausbreitet, kann sie sich womöglich auch wellenförmig in einem Draht ausbreiten. Dieser Gedanke war deshalb nicht abwegig, weil man damals schon wusste, dass auch elektrischer Strom wellenförmig in einem Leiter dahinfließen kann, allerdings viel schneller als der Schall in der Luft, nämlich mit Lichtgeschwindigkeit. In einem metallischen Draht befinden sich zahllose elektrisch geladene Teilchen (Elektronen), die sich relativ ungebunden zwischen den Atomen bewegen, vergleichbar mit den Luftmolekülen in einem Gartenschlauch. Wenn man an einem Ende des Drahts einige von ihnen durch einen elektrischen Stromimpuls anstößt, dann geben sie diesen Stoß blitzartig an ihre Nachbarn weiter, allerdings ohne sich dabei zu berühren. Vielmehr schicken sie sich Lichtteilchen (Photonen) zu. Wenn man so will, telefonieren die Elektronen im Draht selber drahtlos. Der Stromimpuls pflanzt sich derart mit Lichtgeschwindigkeit im Draht fort, das heißt die Information wird entlang des Drahts weitergegeben. Die Lichtgeschwindigkeit (ca. 300 000 Kilometer pro Sekunde) macht es möglich, dass die Information auch über große Entfernung praktisch im selben Moment, in dem sie abgeschickt wird, auch ankommt.

Die Probleme für Bell und Watson lagen natürlich in der praktischen Umsetzung dieser genialen Idee. Die Hauptschwierigkeit bestand darin, die mechanischen Schwingungen der Stimme in der Luft in Lichtstoßwellen der Drahtelektronen zu verwandeln. Nach langem Herumprobieren fanden sie die Lösung in einer feinen Haut (Membran), die über das eine Ende der Sprechmuschel gespannt wurde. Diese Haut fängt die von der Stimme erzeugten Schallwellen auf und leitet sie an eine elektrische Spule weiter, die sie in elektrischen Strom umwandelt. Am anderen Ende müssen die eintreffenden elektrischen Impulse wieder in der Hörmuschel über eine Membran in mechanische Schwingungen der Luft (Schall) umgewandelt werden. Das geschieht durch einen kleinen Lautsprecher.

Das herkömmliche Telefon bedarf also eines Drahts zur Übermittlung der Gespräche. Deshalb mussten gewaltige Kabelstränge in den Weltmeeren versenkt werden, um auch die Kontinente telefonisch miteinander verbinden zu können.

Heute benützen immer mehr Menschen ein drahtloses Telefon, Handy genannt. Es bedarf keines Drahts mehr, weil es so ähnlich funktioniert wie das Radio. Die elektrischen Schwingungen werden von Sendemasten in alle Himmelsrichtungen durch die Luft gefunkt – und zwar auch mit Lichtgeschwindigkeit. Doch im Gegensatz zu Rundfunksendungen, die jeder hören kann, der ein Radio einschaltet, kann eine »Handy-Sendung«, also ein Anruf, nur von einem einzigen Gerät empfangen werden: jenem mit der richtigen Telefonnummer. Nur dieses eine Gerät ist in der Lage, die überall herumschwirrende Botschaft zu entschlüsseln. Jedes Handy steht nämlich, sobald es eingeschaltet ist, in ständiger Verbindung mit einer Sendestation in der Nähe. Diese Station »weiß« immer, wo man sich gerade aufhält, auch wenn man nicht telefoniert. Denn das eingeschaltete Handy funkt seinerseits ständig Signale. Wählt dann jemand die Nummer meines Handys, funkt die Zentrale eine Meldung an alle Sendestationen. Doch es reagiert nur diejenige, die in meiner Umgebung ist, und leitet den Anruf an mich weiter. Befinde ich mich gerade in einer Gegend, in der keine Sendestation vorhanden ist, so erreicht mich auch der Anruf nicht.

Bei den Terroranschlägen in den USA vom 11. September 2001 konnten Passagiere an Bord der entführten amerikanischen Flugzeuge über ihre Handys mit Angehörigen sprechen. Das ist insofern erstaunlich, als Handys in Passagierflugzeugen gemeinhin keinen Empfang haben, weil die Sendestationen nicht in größere Höhen reichen. Die Verbindungen kamen nur deshalb zustande, weil die Flugzeuge sehr niedrig flogen – nur einige hundert Meter. Zudem befanden sich die Anrufer gerade im Bereich von nur einer Netzantenne. Im Überlappungsbereich mehrerer solcher Sendeantennen hätte die elektronische Netzsteuerung die Verbindung abgebrochen. Außerdem sind die Antennen in den USA oft auf Wolkenkratzern installiert, sodass ihr Abdeckungsbereich höher in den Himmel reicht als hierzulande. In

Deutschland sind die Sendenetze bodenständiger. Schon in Höhen von 200 Metern über dem Boden kommen kaum noch dauerhafte Verbindungen zustande.

Weil der Luftraum begrenzt ist, können nicht unbegrenzt viele Sendestationen senden; sie würden sich gegenseitig stören. Es muss also bei jedem Gespräch, das durch die Luft geschickt wird, Platz gespart werden. Aus diesem Grund werden die Gespräche von den Handys in einen digitalen Code zerlegt, genauso wie bei einem Computer: also in die Ziffern 0 und 1. Milliarden von dicht hintereinander gepackten Nullen und Einsen werden portionsweise in kurzen Abständen von der Sendestation oder dem Weltraumsatelliten ausgestrahlt. Die digitale Nachricht wird gepulst, wie man sagt. Winzige Computer in den Handys verschlüsseln und entschlüsseln (codieren und decodieren) die aus- und eingehenden Zahlenpakete aus 0 und 1. Aus einem gesprochenen Satz wird so ein digitales elektronisches Sendesignal – oder umgekehrt.

Beim sogenannten UMTS-System, das das normale Handy ablösen wird, kann nicht nur Sprache, sondern auch Text, Musik oder Bild in Informationspakete aus 0 und 1 zerlegt werden. Mit Handys kann also nicht mehr nur telefoniert werden, sondern man kann damit auch Radio und Fernsehen empfangen, Fotos machen und sofort verschicken oder Zugang zum Internet haben – alles, während wir auf dem Weg zur U-Bahn sind oder im Kaufhaus auf der Rolltreppe stehen. Fragt sich nur: Wozu?

Wie funktioniert ein Wasserfilter?

Was an Wasser aus unseren Leitungen kommt, ist nicht unbedingt gut für unsere Gesundheit, was nichts daran ändert, dass wir überhaupt dankbar sein sollten, genügend Trinkwasser zur Verfügung zu haben, denn für viele Regionen der Erde gilt das nicht.

Unser Trinkwasser besteht ja nicht nur aus Wasser, also aus H_2O-Molekülen, sondern darin sind alle möglichen Ionen und Moleküle gelöst. Denn Wasser ist lösungsfreudig wie kein anderer Stoff auf der Erde. Ionen sind elektrisch geladene Atome (oder Atomgruppen). Fehlt einem Atom ein Elektron, so trägt es eine positive Ladung, hat es ein Elektron zu viel, so ist es negativ geladen. Im einen Fall haben wir es also mit einem positiv geladenen Ion zu tun, im anderen Fall mit einem negativ geladenen Ion. Löst man zum Beispiel Kochsalz (NaCl = Natriumchlorid) in Wasser auf, so bilden sich positiv geladene Natriumionen (Na^+) und negativ geladene Chlorionen (Cl^-), die dann frei im Wasser herumschwimmen.

Reines Wasser, also eines ohne gelöste Stoffe, kommt in der Natur nicht vor. Selbst das Regenwasser nimmt auf seinem Weg durch die Atmosphäre sofort jede Menge Ionen auf, weshalb man ja auch vom sauren Regen spricht. Wasser ist ganz wild darauf, Moleküle in ihre Bestandteile, also die geladenen Ionen aufzulösen. Je stärker die Luft mit Abgasen verschmutzt ist, desto mehr Stoffe werden im Wasser gelöst. Reines Wasser kann nur künstlich, das heißt unter Ausschluss der Luft, im Labor hergestellt werden, und zwar durch Verdampfen und anschließende Abkühlung (Kondensation). Man spricht von destilliertem Wasser. Reines Wasser wäre für uns jedoch als Trinkwasser völlig ungeeignet; es ist lebenswichtig, dass wir über das Trinkwasser die unterschiedlichsten Ionen – auch Elektrolyte genannt – aufnehmen. Denn unser Organismus benötigt für den Stoffwechsel diese Ionen.

Aus gesundheitlichen Gründen muss man jedoch zwischen erwünschten und unerwünschten Ionen im Trinkwasser unterscheiden. Ein Wasserfilter sollte also in der Lage sein, schädliche Ionen aus dem Trinkwasser zu entfernen und für die Gesundheit notwendige Ionen darin zu belassen. Für den Menschen unentbehrliche Ionen – freilich nur in sehr geringen Mengen, weshalb man auch von Spurenelementen spricht – sind: Eisen, Mangan, Kupfer, Kobalt, Zink, Fluor und Jod. Daneben sind aber auch noch andere Mineralstoffe für den Aufbau von Körpersubstanzen und den Ablauf des Stoffwechsels wichtig, etwa Natrium-, Kalium-, Calcium-, Magnesium- und Phosphorsalze; auch sie sollten den Wasserfilter unbehelligt passieren.

Damit ein Wasserfilter die schädlichen Stoffe filtern und die erwünschten im Wasser belässt, besteht er aus zwei besonderen Filtersubstanzen, nämlich aus Aktivkohle und einem sogenannten Ionenaustauscherharz. Die Aktivkohle besteht aus sehr porösem Material, das für bestimmte Moleküle wie etwa Benzen oder Pestizide (= Schädlingsbekämpfungsmittel) und Öle wie ein Schwamm wirkt. In dem ausgedehnten System aus großen und kleinen Poren der Aktivkohle werden solche großen Moleküle chemisch gebunden. Die Oberfläche

von nur einem Gramm Aktivkohle kann bis zu
1000 Quadratmeter betragen; das ist die Größe eines
Fußballfelds. So kann eine ungeheuer große Zahl von
Molekülen eingefangen werden. Die Aktivkohle – sie ist
ja nichts anderes als Kohlenstoff – bewirkt auch chemische Reaktionen, bei denen das dem Trinkwasser zuge-
setzte Chlor in unschädliche und geschmacklose Chlo-
ridionen (Cl⁻) umgewandelt wird. Chlor wird dem
Trinkwasser wegen seiner Keim tötenden Wirkung beigegeben, riecht aber unangenehm und verdirbt den Geschmack von Tee und Kaffee.

Die Aktivkohle allein würde aber nicht ausreichen,
um alle unerwünschten Stoffe aus dem Trinkwasser he-
rauszufiltern. Dazu bedarf es noch des Ionenaustauscher-
harzes. Das ist ein eigens zu diesem Zweck hergestellter
Kunststoff, der giftige Metallionen wie die von Blei (Pb^{++}),
Kupfer (Cu^{++}), Quecksilber (Hg^{++}) und Cadmium (Cd^{++})
durch harmlose Wasserstoffionen (H^+) ersetzt. Wenn eines dieser zweifach positiv geladenen Metallionen mit
dem Kunstharz in Berührung kommt, wird es an dieses
gebunden, wobei zwei einfach positiv geladene Wasserstoffionen ins Wasser abgegeben werden. Aus hartem
Wasser entfernt es zudem genügend Calcium- (Ca^{++}) und
Magnesiumionen (Mg^{++}), die für die Wasserhärte verantwortlich sind. Aus geschmacklichen Gründen soll aber
eine gewisse Menge dieser beiden Ionenarten im Trinkwasser bleiben, da sonst das Wasser fade schmeckt.

Ein Kohlewasserfilter muss alle vier Wochen erneu-
ert werden, da seine chemisch aktiven Oberflächen dann
mit den gebundenen Schadstoffen vollständig bedeckt
sind und nicht mehr arbeiten können.

Warum eignen sich Wasser und Seife zum Waschen?

W asser, so heißt es, ist zum Waschen da – auch zum Zähneputzen kann man es benutzen. Dabei ist Zähneputzen auch nichts anderes als ein Waschvorgang. Manche Zahnärzte behaupten sogar, dass es ausreicht, nach jedem Essen seine Zähne mit purem Wasser zu reinigen.

Aber wieso reinigt Wasser überhaupt? Was bedeutet das Wort »reinigen«? Nichts anderes als das Ablösen und Wegschwemmen von Schmutzpartikeln. Das hört sich ziemlich geschraubt an, ist aber ein ganz einfacher physikalischer Vorgang, der mit einer besonderen Eigenschaft des Wassers zu tun hat: seinen elektrischen Ladungspolen. Ein Wassermolekül ist zwar als Ganzes ungeladen, doch zeigt es entgegengesetzte Bereiche von schwacher negativer und positiver Ladung. Man muss sich das Wassermolekül wie einen leicht verzerrten Tetraeder vorstellen, also wie eine Pyramide, die ein Dreieck als Grundfläche hat. An zwei der vier Ecken, nämlich in der Nähe der beiden Wasserstoffatome, herrscht ein leichter Elektronenmangel, also eine positive Ladung. In der Nähe des Sauerstoffatoms gibt es einen leichten Elektronenüberschuss, weshalb dort eine schwache negative Ladung sitzt. Man sagt: Das Wassermolekül ist polar. Dieser Umstand ist unter anderem für die Oberflächenspannung eines Wassertropfens verantwortlich.

Diese Ladungspolarität des Wassers ist der Grund für seine Lösungsfreudigkeit. Allerdings löst Wasser nur Stoffe, die ihrerseits polar sind, wie zum Beispiel Salze.

Gibt man Kochsalz in Wasser, so löst es sich darin auf. Denn ein Kochsalzmolekül (NaCl) entsteht durch elektrische Bindung zwischen einem positiv geladenen Natriumion (Na^+) und einem negativ geladenen Chlorion (Cl^-). Das polare Wasser schiebt sich gewissermaßen zwischen die beiden Ionen und lässt so das Salzmolekül zerfallen. Das positiv geladene Natriumion heftet sich an den negativen Pol eines Wassermoleküls, das negativ geladene Chlorion an den positiven Pol eines anderen Wassermoleküls. Deshalb ist es auch ganz einfach, eine Salzkruste – etwa nach einem Bad im Meer – von der Haut abzuwaschen: Man muss nur kurz unter die Dusche. Das Wasser löst die Salzkristalle sofort auf und spült die gelösten Natrium- und Chlorionen fort.

Haut, Haare, Kleidung oder Essgeschirr wären ganz leicht zu säubern, wenn sich Schmutz und Flecken so leicht in Wasser lösten wie Salze. Waschen wäre dann nichts anderes als ein Wegspülen. Das funktioniert in der Tat noch bei Eiweiß- oder Zuckerflecken, denn auch diese Stoffe weisen in ihren Molekülen elektrisch geladene Bereiche auf, an denen die Wassermoleküle anhaften können. Die meisten Stoffe, mit denen wir uns beschmutzen, sind aber Öle und Fette – und die sind unpolar. Für sie hat Wasser nichts übrig. Öl und Wasser stoßen einander regelrecht ab.

Derartige Verschmutzungen benötigen ebenfalls unpolare Lösungsmittel. Diese bilden dann andere Bindungen zum Fremdstoff aus. Das sind letztlich auch elektrische Kräfte, doch wesentlich schwächere als die elektrostatischen, die beim Wasser wirksam sind. Ideal zum Lösen von Ölen und Fetten ist zum Beispiel Benzin; leider ist es giftig und umweltschädigend, dazu auch noch leicht entzündlich. Kleine Flecken entfernt man dennoch am besten mit Waschbenzin. Zum Waschen in der Waschmaschine eignet es sich natürlich nicht. Zu diesem Zweck muss man andere Lösungsmittel verwenden; dafür bieten sich sogenannte Seifen an. Die meisten Seifen sind von Ölen und Fetten abgeleitete Salze – weshalb man sie zum Beispiel aus Tierkadavern herstellt –, die aus positiv geladenen Natriumionen und langen, negativ geladenen Molekülketten bestehen. Man nennt diese Kettenmoleküle Tenside.

Versetzt man Wasser mit Seife, so lösen sich die positiven Natriumionen von den negativ geladenen Molekülketten ab. Diese Ketten sind aber nur an einem Ende geladen, am anderen hingegen ungeladen. Im Wasser bilden diese Tenside winzige Kugeln oder scheibenförmige Gebilde, die man Mizellen nennt. Sie umschließen ein Schmutzmolekül, wobei die negativ geladenen Enden nach außen weisen und die ungeladenen nach innen. So können die Mizellen in ihrem Innern ölartige Moleküle binden und vom Gewebe oder der Haut ablösen. Denn die Wassermoleküle haften an der negativ geladenen Außenseite der Mizell an und schwemmen sie mit dem Schmutzmolekül in ihrem Innern fort.

Die negativ geladenen Tenside bedecken auch die Wasseroberfläche und vermindern dadurch deren Spannung. So ist es dem Wasser leichter möglich, ins Gewebe der verschmutzten Wäsche einzudringen.

Die Wirkung von Seifen im Wasser ist abhängig vom sogenannten Härtegrad des Wassers. Wasser ist umso härter, je mehr positiv geladene Calcium-, Magnesium- und Eisenionen es enthält. Diese binden sich nämlich fest an das negativ geladene Ende der Molekülketten und bilden schwer lösliche »Kalkseife«. Dadurch wird die Bildung der waschaktiven Mizellen verhindert. Je weicher das Wasser, desto besser lässt sich damit waschen.

Warum kleben Kleber?

Rein chemisch betrachtet ist der Vorgang des Klebens nichts anderes als das Herstellen von Bindungen zwischen Atomen. Schon die Bildung eines Moleküls aus zwei einzelnen Atomen ist eigentlich ein Klebevorgang: Die Atome, die eben noch allein durch die Welt schwirrten, etwa zwei Wasserstoffatome (H) und ein Sauerstoffatom (O), kleben unter bestimmten Bedingungen plötzlich aneinander und bilden ein Wassermolekül (H_2O). Verantwortlich für die Bindung, also das Aneinanderkleben, sind die äußeren Elektronen der Atome. Die ganze Natur ist im Grunde eine unendliche Fülle zusammengeklebter Objekte, von einzelnen Molekülen bis zu Gesteinen, Lebewesen, ganzen Planeten.

Wenn ich Wassertropfen gegen eine Fensterscheibe spritze, so kleben sie daran fest. Auch hierbei sind Elektronen im Spiel. Im Wassermolekül sind diese nämlich nicht gleichmäßig verteilt, sondern halten sich bevorzugt beim Sauerstoffatom auf, weshalb es dort einen leichten Überschuss an negativer elektrischer Ladung gibt. Entsprechend herrscht in der Nähe der beiden Wasserstoffatome ein leichter Elektronenmangel; dort überwiegt die positive elektrische Ladung. Man sagt: H_2O ist ein polares Molekül. Da auch die Oberfläche der Fensterscheibe eine Ladungspolarität hat, kleben Wassertropfen daran fest, weil sich die Wassermoleküle auf der Glasoberfläche so ausrichten, dass ihr negativer Pol sich jeweils an einen positiven Pol der Glasscheibe anlagert. Denn gegensätzliche elektrische Ladungen ziehen einander an.

Der Wassertropfen wird allerdings nur an der Glasscheibe haften bleiben, wenn er nicht allzu groß ist. Größere Tropfen laufen an der Scheibe nach unten; die Schwerkraft, mit der die Erde sie anzieht, ist dann größer als die Bindekraft zwischen Tropfen und Glasscheibe.

Wasser könnte man also durchaus als Klebstoff bezeichnen. Tatsächlich kann man damit kleine Papierschnipsel an die Wand kleben. Aber natürlich ist Wasser ein ganz schlechter Kleber. Das Papierfetzchen wird in dem Moment wieder von der Wand fallen, wenn das Wasser verdunstet ist, sich der Kleber also buchstäblich in Luft aufgelöst hat.

Schon ein bisschen besser klebt Speichel. Der besteht zwar in der Hauptsache auch nur aus Wasser, nämlich zu 99 Prozent, doch das restliche eine Prozent besteht aus anderen, von den Speicheldrüsen gebildeten Stoffen, auch Bakterien, abgestorbenen Zellen, Schleimstoffen, verschiedenen Eiweißen, darunter ein Enzym-Eiweiß, mit dem wir Kohlehydrate schon im Mund »aufschließen«, das heißt in Stärke und Glykogen aufspalten können. Deshalb schmeckt Brot bei längerem Kauen süßlich. Nicht zuletzt sind im Speichel auch Salze enthalten.

Diese verschiedenen Stoffe im Speichel sind dafür verantwortlich, dass ein damit angefeuchteter Papierschnipsel in den meisten Fällen auch dann kleben bleibt, wenn die Spucke längst eingetrocknet, also ihr Wasseranteil verdunstet ist. Die Bindung, die bei der nassen Spucke hauptsächlich durch das Wasser bewirkt wurde, also durch Haftung, wird bei der eingetrockneten Spucke durch eben diesen Trocknungsprozess hervor-

gerufen. Das Zusammenkleben durch Haftung nennt
man Adhäsion, jenes durch Trocknung nennt man
Kohäsion.

In den meisten Fällen verwenden wir zum Verkleben
von Stoffen jedoch keine Spucke, sondern richtige Klebstoffe, die künstlich hergestellt werden. Schließlich will
man etwas so verkleben, dass es nicht schon bei gerings-
ter Krafteinwirkung wieder aus dem Leim geht. Mit
»Leim« bezeichnet man übrigens Klebstoffe, deren Haftwirkung auf organischen Stoffen wie Eiweiß, Gelatine,
Weizenkleber, Stärke oder Zellulose, dem Haupt-
bestandteil pflanzlicher Zellwände, beruht.

Die meisten Klebstoffe, die man kaufen kann, bestehen jedoch aus Kunststoffmolekülen, also aus anorganischen Stoffen. Doch im Prinzip funktionieren auch
sie nicht anders als der organische »Klebstoff« Spucke.
Die Kunststoffmoleküle sind sogenannte Polymere; das
sind extrem lange Molekülketten. Diese haften nicht
nur aneinander, sondern ebenso an beliebigen Oberflächen, vergleichbar mit Spaghetti, die beim Abkühlen
miteinander und mit dem Topf verkleben.

Bei den meisten Klebstoffen, die wir in unserem Alltag verwenden, befinden sich die Polymere in einer Lösung. Beim Verkleben verdampft diese und daraus ergibt sich der Spaghetti-Effekt. Das hat zur Folge, dass
solche Kleber mit der Zeit in ihren Behältern aushärten,
vor allem, wenn man den Verschluss zu lange offen lässt.

Anders verhält es sich bei sogenannten Sekundenkle-
bern. Bei ihnen bilden sich die Polymermoleküle erst im
Moment, wo man den Klebstoff aus der Tube drückt. Die

Ausgangsflüssigkeit in der Tube besteht meistens aus Stoffen, die man als Cyanoacrylate bezeichnet. Das sind relativ einfache Moleküle, die jedoch in Sekunden riesige Polymermoleküle bilden, sobald sie mit Feuchtigkeit in Berührung kommen. So entsteht aus dem flüssigen Kunststoff harter Acrylkunststoff. Da fast alle Oberflächen in unserer Alltagswelt einen hauchdünnen Feuchtigkeitsfilm besitzen, härten Sekundenkleber sofort aus. Die Klebewirkung der Polymermoleküle beruht physikalisch auf ihrer Polarität. Sie haben also, ähnlich wie das Wasser, Bereiche mit positiver und solche mit negativer elektrischer Ladung. Das gilt ebenso für die meisten Oberflächen, mit denen wir es im Alltag zu tun haben. Die Polymermoleküle richten sich an den Oberflächen der zu verklebenden Stoffe so aus, dass ihre negativen Pole an den positiven Polen der Oberflächen zu liegen kommen – und umgekehrt. Die Haftung besteht also auch hier auf elektromagnetischer Wechselwirkung zwischen polarem Klebstoff und polarer Oberfläche. An nichtpolaren Oberflächen haften Sekundenkleber nicht, weshalb man das Tubeninnere mit einem wachsartigen Kunststoff (Polyethylen) auskleidet, der fast völlig unpolar ist. Es soll ja der Kleber nicht in der Tube kleben bleiben.

Klebstoffe werden in der modernen Welt immer wichtiger, während sie früher eher einen schlechten Ruf hatten. Stoffe zu verkleben galt in der Industrie als unseriös. Das hatte damit zu tun, dass Kleber sich wesentlich eigenwilliger verhalten als etwa Nieten oder Schrauben. Sie verformen sich leicht, reagieren auf Luft, Wasser und vor allem Hitze. Inzwischen haben sich jedoch moderne

Klebstoffe in vielen Industriezweigen durchsetzen können, etwa in der Flugzeug- und Autoindustrie. Seit Flugzeuge des Gewichts wegen vor allem aus Aluminium-
teilen gebaut werden, sind dort Klebstoffe gefragt.
Aluminium lässt sich nämlich nur schwer verschweißen.
Der Airbus A380 wird an vielen Stellen zusammen-
geklebt. Schon heute werden pro Auto mehr als 12 Kilogramm Klebstoff verarbeitet. Denkbar ist, dass das Auto
der Zukunft vollständig von Klebern zusammengehalten
wird. Hat ein solches Fahrzeug ausgedient, müsste man
es nur stark genug erhitzen, damit es sich von selbst wieder in seine Einzelteile zerlegt.

In vielen Industriezweigen sind Kleber schon deshalb
von Vorteil, weil sie die Oberflächen der Werkstücke beim
Verkleben unversehrt lassen im Gegensatz zum Löten
oder Schweißen. Inzwischen kennt man rund 30 000 verschiedene Klebstoffe. Dennoch ist es weiterhin schwierig
zu sagen, unter welchen Bedingungen sich welcher Kleber
wie verhält. Das wird zum Beispiel von Ingenieuren und
Technikern am Bremer Fraunhofer-Institut untersucht,
wo auch sogenannte Klebfachingenieure ausgebildet werden – ein Beruf mit Zukunft. Gefragt sind vor allem »in-
telligente« Kleber, die sich jeder denkbaren Veränderung
in der Umgebung anpassen, und zwar so, dass die Klebewirkung unverändert erhalten bleibt.

Warum reißt ein verknoteter Strick meistens am Knoten?

Bergsteiger und Segler wissen es: Im Bereich eines Knotens reißt ein Seil am leichtesten. Auf Grund dieser Einsicht hat sich der Mensch komplizierte Knoten mit vielen Verschlingungen erdacht, um so die Reißfestigkeit zu erhöhen. Aber wieso verliert ein geknotetes Seil gerade am Knoten seine Festigkeit, und wieso sind Knoten umso stabiler, je komplizierter sie verschlungen sind?

Das herauszufinden ist gar nicht so einfach, denn der Riss eines Seils ist ein Vorgang, der innerhalb von Sekundenbruchteilen abläuft. Selbst mit modernsten Mess- und Beobachtungstechniken ist der Ablauf eines Knotenrisses kaum zu entschlüsseln, das heißt in seine Einzelphasen aufzulösen.

Weil Forscher naturgemäß einfallsreiche Menschen sind, kamen sie auf die Idee, nicht Seile zu verknoten und dann ihr Reißverhalten zu untersuchen, sondern weichgekochte Spaghetti, wie man sie einem Nudelfeinschmecker nicht servieren dürfte; da müssen sie schon »al dente«, also bissfest sein.

Also verknoteten die Knotenforscher weich gekochte Spaghetti und setzten sie der Zerreißprobe aus. Um dabei den Einfluss von Reibungseffekten so gering wie möglich zu halten, gaben sie der Forschungspasta einen Schuss Olivenöl bei. Derart präpariert reißt eine weich gekochte Spaghetti langsam genug, um den Vorgang mit einer Hochgeschwindigkeitskamera beobachten zu können. Es zeigt sich, dass die Nudel dort reißt, wo sie beim Verknoten am stärksten gekrümmt wird. Denn an den Außenseiten der Krümmungen treten die stärksten Materialspannungen auf. Beim einfachsten Knoten, »Knopf« genannt, liegt die schwächste Stelle an seinem Eingang. Je komplizierter ein Knoten geknüpft ist, desto sanfter ist die Nudel im Knoten geschwungen; entsprechend reißfester ist der Knoten als ganzer.

Der Versuch blieb allerdings die Antwort auf die Frage schuldig, ob sich die Erkenntnisse an weichgekochten Nudeln tatsächlich auf Stricke und Seile übertragen lassen. Aber so sind sie halt, die Forscher: schließen von einem aufs andere, von Spaghetti auf Hanfseile und von Mäusen auf Menschen.

Warum kann ein Schiff schwimmen, auch wenn es aus Eisen gebaut ist?

Wieso schwimmt überhaupt irgendetwas, sei es ein Stück Holz oder Papier? Ganz einfach: weil es leichter ist als Wasser. Deshalb braucht es uns nicht zu verwundern, dass sich ein Holz- oder Papierschiffchen über Wasser hält. Holz und Papier sind leichter als Wasser, so weit, so gut. Aber Eisen zum Beispiel ist schwerer als Wasser – und dennoch schwimmt ein stählerner Öltanker, zumindest solange er nicht auf Grund läuft.

Rein physikalisch ist Schwimmen nichts anderes als ein Kräftespiel zwischen der Schwerkraft, die einen im Wasser befindlichen Körper nach unten zieht, und einer Auftriebskraft, die ihn an die Wasseroberfläche drückt. Ist diese Auftriebskraft größer als die Schwerkraft, dann schwimmt der Körper. Woher die Schwerkraft kommt, wissen wir: Die Erde übt sie auf alle Körper aus, die sich auf ihr befinden, egal ob in der Luft, an Land oder auf dem Wasser. Die Erde will alles zu ihrem Mittelpunkt ziehen, als säße dort ein geheimnisvolles physikalisches Kraftzentrum.

Aber warum erfährt ein schwimmender Körper eine Auftriebskraft? Woher kommt die? Sie kommt vom Wasser, genauer: von der Wassermenge, die der schwimmende Körper verdrängt hat. Der Auftrieb ist also gerade das Gewicht der verdrängten Wassermenge. So erklärt sich auch, wieso es sich im Meerwasser leichter schwimmt als in Süßwasser. Weil Meerwasser wegen des in ihm gelösten Salzes schwerer ist, also das vom

Körper verdrängte Wasser ein höheres Gewicht hat. Entsprechend stärker ist der Auftrieb.

Somit müsste ein Schiff aus Eisen untergehen – wenn es im Innern nicht hohl wäre. Ein Öltanker besteht zwar aus Eisen, aber nur aus relativ wenig Eisen im Vergleich zu seiner Größe, oder besser: seinem Rauminhalt. Im Grunde besteht er vor allem aus Luft, also dem Hohlraum, den seine dünne Eisenhaut umschließt. Dieser Hohlraum ist der eigentliche Wasserverdränger. Die Luft aber, die ihn ausfüllt, wiegt wesentlich weniger als das verdrängte Wasser. Dennoch dürfen die Eisenwände des Schiffs nicht allzu dick sein, da sonst das Gesamtgewicht des Eisens zu groß wird gegenüber dem Gewicht des verdrängten Wassers. Deshalb haben Schiffe gefährlich dünne Wände, die leicht beschädigt werden können. Läuft dann der Hohlraum mit Wasser voll, geht das Schiff unter, und zwar umso schneller, je stärker es beladen ist.

Von Eiscreme und Gummibärchen –
und anderen Leckereien

Warum zerfällt Bierschaum so schnell?

Für einen Bayern – und zu diesem besonderen Volksstamm darf sich auch der Autor zählen – ist das Paradies nur von nebensächlicher Bedeutung. Denn erstens kann man auch als Katholik nicht sicher sein, dass es das Paradies wirklich gibt, und zweitens lebt man als Bayer ohnehin in diesem, nämlich in Bayern. Das Schöne an diesem irdischen Paradies ist, dass man darin sündigen darf, ohne aus ihm mit einem flammenden Schwert vertrieben zu werden. Mehr noch: Nicht zu sündigen würde bedeuten, dass man das Paradies in seinem tiefsten Wesen nicht verstanden hat.

Heiligster Ort des bayrischen Paradieses ist der Biergarten, und in diesem wird nicht das fade und langweilige Ambrosia getrunken, sondern Bier. Dieses wird zuerst mit den Augen und erst danach mit dem Mund getrunken. Der Augengenuss garantiert erst den leiblichen Genuss. Wenn das Bier nämlich nicht gut aussieht, dann schmeckt es auch nicht.

Die strenge Ästhetik des Biers verlangt nach einer ausgeprägten Blume. Mit »Blume« ist die Schaumkrone gemeint. Diese soll nicht nur üppig sein, sondern auch möglichst lange vorhalten. Das tut sie in bayrischen Biergärten gewöhnlich auch. Freilich hält auch im Paradies eine Bier-Blume nicht ewig. Um ehrlich zu sein: Sie zerfällt, zumal an heißen Sommertagen, in einem ärgerlich schnellen Tempo. Das versetzt einen Biertrinker, der eigentlich in Ruhe und Zufriedenheit genießen möchte, in erheblichen Stress. Denn er weiß, dass das

Bier ohne seinen schaumigen Frischedeckel rasch schal wird. Die Schalheit rührt davon, dass ohne den Schutzdeckel die Kohlensäure rasch aus dem Bier entweicht. Schales Bier ist Bier ohne Kohlensäure.

Die Kohlensäure ist auch verantwortlich für die Bildung des Schaums beim Zapfen beziehungsweise beim Einschenken aus der Flasche. Kohlensäure ist chemisch nichts anderes als in Wasser (H_2O) gelöstes Kohlendioxid (CO_2), also H_2CO_3. Diese Kohlensäure wird dem Bier zugesetzt und verleiht ihm seine prickelnde Frische.

Der Bierschaum bildet sich, wenn die im Bier gelöste Kohlensäure, genauer: das Kohlendioxid, sich zu fein verteilten Gasbläschen zusammenfindet. Die Wände der Gasbläschen bestehen aus Bier. Je kleiner die Bläschen, desto dichter und damit beständiger ist der Schaum. Am Zerfall des Bierschaums sind zwei Prozesse beteiligt, die von den Fachleuten mit den Fachausdrücken »Disproportionierung« und »Drainage« bezeichnet werden. Bei der Disproportionierung (= Entstehung eines Missverhältnisses) dehnen sich die größeren Gasbläschen auf Kosten der kleineren aus. Denn in den kleineren Bläschen hat das darin eingeschlossene Gas einen höheren Innendruck. Das führt dazu, dass es durch die Trennwände schneller in benachbarte größere Blasen abströmt. Nach und nach verschwinden so die kleineren Gasbläschen und der Schaum büßt seine Dichte ein; er wird mit der Zeit immer gröber. Gleichzeitig mit der Vergröberung des Schaums nimmt auch seine Austrocknung (Drainage) zu. Denn mit der Blasengröße wächst auch die Größe der Zwischenräume;

diese wirken wie Kanäle, in denen die Schaumflüssigkeit nach unten ins Bier abfließt. Die Blasenwände werden dadurch immer dünner, was wiederum die Disproportionierung beschleunigt, also die weitere Vergrößerung der Blasen. Disproportionierung und Drainage verstärken sich also wechselseitig; der Schaum zerfällt nicht mit gleichmäßiger, sondern mit zunehmender Geschwindigkeit.

Grundsätzlich wird die Haltbarkeit eines Schaums von der Löslichkeit des Gases – also beim Bier des CO_2 – bestimmt. Wäre im Bier nicht Kohlensäure, sondern etwa das wesentlich schwerer lösliche Gas Schwefeldioxid (SO_2) enthalten, würde der Bierschaum wesentlich länger halten. So hat man berechnet, dass zum Beispiel das Gas Hexafluorethan, das sich 600-mal schwerer in Bier löst als Kohlendioxid, eine Schaumkrone erzeugte, die 150 Stunden vorhalten würde. Aber wer möchte schon so lange bei einem Bier verweilen, noch dazu, wenn es ungenießbar ist.

Dass Bier überhaupt schäumt, ist freilich nicht allein der Kohlensäure zu verdanken, sondern den schaumfördernden Stoffen, die es enthält: Hopfen, Gerste und Hefe. Die Kunst des Brauens besteht ja gerade darin, diese Stoffe möglichst unversehrt durch den Brauprozess zu bringen. Schlechtes Bier bringt nur wenig Schaum zustande. Schaumverhinderer sind auch schlecht gespülte Gläser, das heißt seifige oder fettige Gläser. Seife oder Fett zerstören die Schaumbläschen, indem sie deren Oberflächenspannung vernichten.

Um langlebigen Schaum zu erzeugen, bedienen sich die Wirte eines Tricks, der nicht unbedingt im Einklang mit dem Reinheitsgebot steht: Sie setzen beim Zapfen Stickstoff (N_2) als Treibgas ein. Stickstoff ist 57-mal schwerer löslich als Kohlendioxid. Deutsche Brauer dürfen es ihren Bieren nicht zusetzen, der Wirt jedoch schon – im Dienst einer vollen, lang anhaltenden Blume. Stickstoff macht den Schaum dichter, cremiger. Die schönste Blume lässt also nicht unbedingt auf das beste Bier schließen, sondern womöglich auf eine gehörige Portion Stickstoff.

Warum ist der Pudding weich?

Für den Chemiker gibt es nur drei Grundzustände der Materie: fest, flüssig und gasförmig. Der Chemiker spricht von den drei Aggregatszuständen der Materie. Man könnte genauso gut von den drei Grundarten der stofflichen Zusammensetzung sprechen. Allerdings können Stoffe durch geeignete Energiezufuhr, zum Beispiel durch Wärme, von einem Aggregatszustand in den anderen wechseln. Die Übergänge sind dabei fließend. Am vertrautesten sind uns die drei Grundzustände der Materie beim Wasser, der Alltagsflüssigkeit schlechthin, die sich als Eis im festen und als Dampf im gasförmigen Zustand zeigt.

Nun gibt es aber auch Stoffe, die gleichsam in der Schwebe zwischen zwei Aggregatszuständen verharren, hier vor allem zwischen fest und flüssig. Weder ein fester noch ein flüssiger Pudding – von einem gasförmigen ganz zu schweigen – könnte uns in Begeisterung versetzen. Am Pudding schätzen wir seinen festflüssigen oder weich-feuchten Zustand. Mögen auch so manche Chemiker gern Pudding essen – von Berufs wegen schätzen sie solche zwitterhaften Stoffe gar nicht, denn sie bereiten ihnen noch immer Probleme bei der wissenschaftlichen Analyse.

Selbstverständlich besteht auch ein Pudding aus Atomen beziehungsweise Molekülen. Um einen Pudding herzustellen, muss man verschiedene Stoffe in einem bestimmten Verhältnis mischen: Milch, Puddingpulver und Zucker. Das funktioniert aber nur durch Zufuhr von Energie. Pudding muss man kochen. Die Wärme macht es erst möglich, dass die passenden Atome in der Milch und im Puddingpulver zueinander finden. Der Zucker ist dabei nicht notwendig; wir geben ihn nur zu, damit der Pudding süß ist. Denkbar ist also auch ein ungesüßter Pudding, aber wer will so einen schon essen!

Wenn wir einen Pudding herstellen, sind wir nicht nur als Köche tätig, sondern auch als Chemiker. Im Grunde ist jeder Kochvorgang praktizierte Chemie, also Umwandlung von Stoffen, Herstellung chemischer Verbindungen oder Lösen derselben.

Die charakteristische Weichheit eines Puddings beruht auf ganz bestimmten Bindungen zwischen den Atomen, aus denen er zusammengesetzt ist. Diese Bindungen sind offensichtlich nicht besonders stark. Mit geringstem Energieaufwand lassen sie sich lösen, etwa dadurch, dass man sich mit einem Löffel ein Stück aus dem Pudding heraussticht und in den Mund schiebt, wo es wiederum nur geringer »Mundarbeit« bedarf, um das Stück gänzlich mit Speichel aufzulösen. Mit »auflösen« ist ja nichts anderes als das Lösen von chemischen Bindungen gemeint.

Die Bindungen, die den wabbeligen »Puddingkörper« zusammenhalten, beruhen vor allem auf elektrischen Wechselwirkungen zwischen den geladenen Wassermolekülen, die man als Wasserstoffbrückenbindungen bezeichnet. Das sind schwache Anziehungskräfte zwischen den leicht positiv geladenen Wasserstoffatomen eines Wassermoleküls und den leicht negativ geladenen Sauerstoffatomen zweier benachbarter Wassermoleküle. Hinzu kommen noch anziehende Kräfte zwischen wasserscheuen Molekülgruppen, die sich gegen die wässrige Umgebung abschließen. Diese feinen Wechselwirkungen erzeugen manchmal keine örtlich eng begrenzten Verknüpfungen, sondern ausgedehnte Verbindungsbereiche. So verdankt zum Beispiel die Götterspeise, auch Wackelpeter genannt, auf der Grundlage von Knochengelatine ihre wabbelige Festigkeit einer Struktur aus dreifach ineinander verschraubten Eiweißspiralen.

Die Materialien des Puddings, – Wasser, Fett, Eiweiß und Zucker aus der Milch und die Getreidestärke aus dem Puddingpulver – binden sich auf diese typische lockere, weiche, wacklige Art zusammen. Dabei wirkt die Stärke als eine Art Kleber, indem sie in Wasser aufquillt. Die Stärke ist das eigentliche Bindemittel im Pudding. In Verbindung mit Wasser bildet Stärke eine weiche, geschmeidige Substanz, deren Moleküle nicht sehr fest miteinander verbunden sind und sich schnell wieder voneinander lösen. Chemisch wäre der Pudding in der Nähe der sogenannten Gele anzusiedeln. Als Gel wird ein Stoff bezeichnet, der überhaupt keine beständige Form hat oder so weich ist, dass er bei geringer Belastung bereits nachgibt. Gele verlieren sofort ihre besonderen Eigenschaften, wenn sie austrocknen.

Jeder weiß, wie ein Pudding aussieht, den man ein paar Tage an der Luft stehen ließ: Von der wunderbar steif-elastischen Form ist nur noch ein unappetitlicher, wässriger Haufen übrig. Dieser verwandelt sich nach weiteren Tagen in eine steinharte Form. Alles Wasser ist verdunstet, und übrig bleibt die Stärke, die letztlich so hart ist wie die Körner, aus denen sie gewonnen wird: Mais, Reis oder Weizen.

Interessant ist in diesem Zusammenhang, dass Lebewesen hauptsächlich aus weichen, feuchten, also puddingartigen Stoffen bestehen, während die unbelebte Natur eher zum Harten und Festen neigt. So gesehen ist auch der Mensch ein pudding- oder gelartiges Gebilde, das gern Pudding isst und sich Gel ins Haar schmiert. Auch unser Hirn, auf das wir uns so viel einbilden, wabbelt wie Pudding unter der Schädeldecke.

Warum ist Speiseeis so cremig?

Gibt es ein Kind, das keine Eiscreme mag? Ich denke nicht – zumindest bin ich noch keinem begegnet. Das Herrliche an Speiseeis ist diese Kombination aus Kälte, Süße und cremiger Weichheit. Dabei ist doch Eis, also gefrorenes Wasser, ziemlich hart. Schließlich hat Eis eine kristalline Struktur, besteht also aus einem starren Gitter aus H_2O-Molekülen.

Auch das gefrorene Wasser im Speiseeis ist hart, doch bei guter, zarter Eiscreme sind die Eiskristalle winzig klein; das Eis besteht gewissermaßen aus lauter Schneeflocken. Schnee ist auch zart und weich, weil sich zwischen den Eiskristallen sehr viel Luft befindet.

Auch Eiscreme ist voller Luftbläschen. Bei der herkömmlichen Zubereitung von Eiscreme werden Milch, Eier, Zucker und Zusatzstoffe unter heftigem Schlagen allmählich abgekühlt. Dadurch kommt viel Luft in die Masse, und die wachsenden Eiskristalle – aus dem Wasser in der Milch – werden mechanisch zerkleinert. Schlecht geschlagenes Eis erkennt man an den großen Eisklumpen in der Crememasse, die den Genuss doch sehr schmälern.

Ein Chemiker würde Speiseeis ganz anders – und zwar schneller – herstellen, freilich unter Missachtung der Lebensmittelgesetze, und damit eine nie erreichte Zartheit der Eiscreme erreichen. Er würde flüssigen Stickstoff, der eine Temperatur von -196 Grad Celsius hat, in die Ausgangsmischung schütten. Bei dieser tiefen Temperatur wird die Eismischung so rasch abgekühlt, dass den urplötzlich entstehenden Eiskristallen gar keine Zeit zum Wachsen bleibt. Gleichzeitig erzeugt der Stickstoff beim heftigen Sieden – er geht ja sofort vom flüssigen in den gasförmigen Zustand über – unzählige winzige Bläschen, was die Masse sehr locker macht. Der pfiffige Chemiker dürfte sein Chemie-Speiseeis allerdings erst servieren, nachdem der Stickstoff vollständig verdampft ist, also vom Eis keine Nebelschwaden mehr aufsteigen. Wer's ausprobieren möchte, kann sich, sofern er in einer Universitätsstadt lebt, den flüssigen Stickstoff direkt bei den Instituten für Physik oder Chemie besorgen oder sich dort zumindest Anschriften von kommerziellen Anbietern geben lassen. Man sollte zum Transport des flüssigen Stickstoffs eine Vakuum-Thermoskanne mitnehmen. Darin hält er sich bis zu 24 Stunden. Beim Eismachen mit flüssigem Stickstoff sollte man aber unbedingt eine Schutzbrille tragen. Die Schüssel, in der man die Eiscreme herstellt, sollte aus Metall sein, da Glas- oder Plastikgefäße bei dem Kälteschock zerspringen würden. Ob sich der ganze Aufwand lohnt, ist eine andere Frage

Warum essen wir so gern Süßes?

Wenn das so weitergeht mit der Genforschung, wird irgendwann alles an uns Menschen, egal, ob es sich um Körperliches oder Geistiges handelt, genetisch erklärbar sein. Das scheint selbst für unsere kleinen menschlichen Vorlieben und Abneigungen zu gelten. So stellten sich Genforscher zum Beispiel die Frage, ob nicht auch die besondere Vorliebe des Menschen für Süßes genetisch begründet sein könnte.

Bietet man nämlich einer beliebigen Gruppe von Menschen sowohl Süßes als auch Salziges an, so wird sich die überwiegende Mehrheit für eine der Süßigkeiten entscheiden. Die wenigen Menschen, die Salziges bevorzugen, tun dies nicht, weil es ihnen besser schmeckt, sondern weil sie aus gesundheitlichen Gründen auf Süßes verzichten müssen. Aber wieso lockt uns Süßes mehr als Salziges?

Bei Mäusen – zugegeben nicht unbedingt unsere nächsten Verwandten – haben amerikanische Genforscher hierfür eine Erklärung gefunden, die möglicherweise auch auf uns Menschen zutrifft. Denn immerhin ist das Erbgut von Mäusen und Menschen zu 92 Prozent identisch. Wir unterscheiden uns genetisch also nur wenig von diesen kleinen Nagetieren. Die Forscher stellten fest, dass zwei verschiedene Mäusestämme eine unterschiedliche Vorliebe für Zuckerwasser hatten. Eine genaue Untersuchung des Erbguts beider Mäusestämme brachte ein Gen zum Vorschein, das nur in Zellen der Geschmacksknospen auf der Zunge aktiv ist. Dieses Gen zeigte bei beiden Mäusestämmen Unterschiede. Die

Forscher schlossen daraus, dass es sich bei diesem Gen um das seit Langem gesuchte »Süße Gen« handeln müsse. Dieses ist bei jenem Mäusestamm defekt, der keine Neigung zu Süßem zeigt.

Eine andere Forschergruppe machte sich daraufhin im Erbgut des Menschen auf die Suche nach diesem »Süßen Gen« und wurde schließlich fündig. Demnach hängen die Geschmackszellen für Süßes direkt mit einem Gen auf Chromosom 1 zusammen, dem ersten von insgesamt 24 Chromosomen beim Menschen, in denen unser gesamtes Erbgut verschlüsselt vorliegt.

Wir sind also von der Natur regelrecht auf Süßes programmiert; schließlich ist Zucker ein elementarer Naturstoff, eines der wichtigsten Kohlehydrate. Pflanzen stellen Zucker (Glucose) durch Fotosynthese aus Kohlendioxid und Wasser her. Zucker kommt in allen lebenden Zellen sowie in Früchten, Nektar, Honig, Samen, auch im Blut und der Gewebeflüssigkeit der Tiere vor. Ohne Zucker kein Leben, so könnte man grob sagen.

Mehr noch: Wir leben in einem gezuckerten Universum. Mit Hilfe eines Radioteleskops konnten Astronomen die Verbindung Glykolaldehyd im freien Weltraum nachweisen. Diese Substanz ist ein wichtiger Baustein für organische Moleküle, zum Beispiel auch für die Ribose, einem Grundbaustein der Erbsubstanzen DNS und RNS. Wie der Zucker im Weltraum entsteht ist allerdings noch unklar. Vielleicht ist es einfach so, dass der Schöpfer selbst ein »Süßer« ist. Dann wäre es natürlich nahe liegend, dass er ein süßes Universum schafft und kein salziges.

Warum machen Gummibärchen Kinder froh? (Und Erwachsene ebenso!)

Gummibärchen sind mit Abstand die beliebtesten Gummibonbons, nicht weil sie besser schmecken würden als all die anderen, sondern … nun, weil es eben Bären sind. Schließlich ist auch unter den zahllosen Arten von Stofftieren der Teddybär seit jeher der ungekrönte König. Der Grund dafür ist vermutlich ein geschichtlicher: Der Teddybär ist das Ur-Stofftier; er ist dem australischen Koalabären nachempfunden.

Der Gummibär ist gewissermaßen die essbare Kleinausgabe des Teddybären. Anfangs war freilich noch offen, wer unter den Essgummis, die zu Beginn des 20. Jahrhunderts in den Konditoreien Einzug hielten, als Sieger hervorgehen würde. Der Gummibär hatte reichlich Konkurrenz: Gummifrüchte, Gummisterne, Gummiringe usw. Die Hersteller setzten zuerst auf Gummifische, doch die Kinderkundschaft verlangte es immer stärker nach Gummibären, vielleicht, weil zur selben Zeit auch der Teddybär seinen Siegeszug in die Kinderzimmer antrat. Zum Bären-Knutschen kam das Bären-Lutschen.

Die Herstellung von Gummibären war schon damals denkbar einfach: In einer Schüssel mit Wasser rührte man Gummiarabikum, das aus der Rinde der Akazie gewonnen wurde, drei Tage lang immer wieder um. Es diente als Bindemittel. Danach presste man die klebrige Masse durch ein Tuch in einen Kessel. Man gab feinen Zucker und Fruchtaromastoffe hinzu und kochte das

Ganze auf. Dabei musste man darauf achten, dass das Feuer nicht zu stark war, denn Gummiarabikum brennt sehr leicht an. Am Ende wurde die süße Gummimasse in Formen gegossen. In diesen trocknete sie über mehrere Tage hinweg aus. Die fest gewordenen Bonbons wurden herausgenommen und gewaschen. Fertig!

Gummiarabikum verwendet man heutzutage nicht mehr als Bindemittel. Für die gigantischen Mengen von Gummibonbons, die weltweit hergestellt und verzehrt werden, würde das Akaziengummi nicht ausreichen. An seine Stelle trat Rindergelatine, die aus Rinderknochen gewonnen wird. Doch seit die Rinderseuche BSE unsere Gesundheit bedroht, ist man zu Schweinegelatine übergegangen. Es gibt aber auch Bio-Gummibärchen, die ganz auf Gelatine verzichten; sie sind weicher als die gewöhnlichen Gummibärchen, schmecken aber genauso gut.

Die typische, stark abstrahierte Form des Gummibären wurde von einem unbekannten Künstler entworfen, und zwar für den Süßwarenhersteller Hans Richter, Bonn – abgekürzt: Haribo. Diese Firma brachte 1922 zum ersten Mal den Gummibären – als »Tanzbären« – auf den Markt. Später bekam er den Namen »Echter Goldbär«. Von Anbeginn war er nicht nur bei Kindern beliebt, sondern erfreute sich auch unter Erwachsenen regen Zuspruchs, etwa bei Erich Kästner oder Albert Einstein.

Man sieht: Gummibärchen sind ein echtes, allgegenwärtiges Kulturgut und durchaus keine vom Aussterben bedrohte Tierart.

Warum isst man die Süßspeise
nach dem Hauptgericht?

Iss nichts Süßes vor dem Mittagessen!« Dieser elterliche Hinweis, der meist wie eine Drohung gegen die Kinder ausgesprochen wird, hat seine Begründung in dem Umstand, dass Süßes, also Zucker, schnell satt macht. Man kann problemlos ein Pfund Pommes frites verspeisen, doch wohl kaum ein Pfund Zucker. So hat es sich in unserer Esskultur eingebürgert, den süßen Teil des Essens ans Ende zu legen – zu verbannen, so könnte man sagen –, um sich den Appetit aufs Hauptgericht nicht zu verderben, es sei denn, das Hauptgericht besteht selbst aus einer Süßspeise, was in der Regel dazu führt, dass auf eine süße Nachspeise verzichtet wird. Für Kinder ist das Dessert ohnehin das eigentliche Hauptgericht.

Doch in Europa hat man es mit dem Essen nicht immer so gehalten. So hatte etwa im 16. Jahrhundert der Zucker eine ganz andere, nämlich zentrale Stellung in der Kochkunst: Das Süße bildete nicht den Abschluss einer Speisenfolge. Da wurde zum Beispiel als Hauptgericht ein dicker Brei aus Reis, Hühnerfleisch und Mandelmilch aufgetragen und auch noch reichlich mit Zucker bestreut. Im Grunde wurde allem Gekochten reichlich Zucker und Honig zugesetzt; auch die Soßen zum Fleisch waren süß. Ja selbst der Wein zum Essen wurde gesüßt, mit Ingwer, Zimt und Nelken stark gewürzt und warm getrunken. Das nannte sich Hippokras.

Bis zur Mitte des 17. Jahrhunderts enthielten praktisch alle Hauptgerichte Zucker. Dann aber änderten sich Auswahl und Zusammensetzung der Speisen grundlegend. Am augenfälligsten dabei ist: Mit Zucker Gesüßtes verschwand aus den Hauptmahlzeiten und kam erst zum Abschluss einer Mahlzeit auf den Tisch. Bei all dem muss freilich immer bedacht werden, dass diese Esskultur allein den Reichen vorbehalten war. Die Armen konnten sich weder die einen noch die anderen Speisen leisten; sie lebten bis weit ins 19. Jahrhundert hinein von der täglichen Gemüse- und Mehlsuppe mit Brot oder Hafergrütze. Zucker, selbst in Form von Honig, war für sie unerschwinglich.

Wieso servierte man auf einmal die Süßspeisen nach dem Hauptgericht? – eine Änderung, die bis heute Bestand hat. Sie hatte mit einer neuen Medizin zu tun, die sich auf neue Erkenntnisse der damaligen Chemie begründet. Essen sah man auf einmal als eine Form der Gesundheitsvorsorge an. »Ein guter Koch ist ein halber Arzt«, so sagte man. Dieser Auffassung war man zwar im Mittelalter auch schon gewesen, doch unter völlig anderen Gesichtspunkten. Früher hatte man den Zucker als ein Allheilmittel betrachtet und ihn deshalb allen Speisen reichlich zugesetzt. Zucker war die Krönung von allem. Das Leben sollte ein süßes Leben sein. Begründet wurde die Herrschaft des Zuckers mit der antiken Vier-Säfte-Lehre, mit der man die Speisen in trockene, warme, feuchte und kalte unterteilte. Als ideal wurde der »warm-feuchte« Zucker angesehen, der allen »kalt-feuchten« Speisen, zu denen vor allem Obst und

Blattgemüse zählten, beigegeben wurde, um so einen
Ausgleich zu schaffen.

Die Ärzte des 17. Jahrhunderts dachten da ganz anders. Ihre chemischen Kenntnisse, die im Vergleich zur
modernen Chemie noch sehr spärlich waren, führten
dazu, dass der Zucker in Ungnade fiel. »Unter seinem
weißen Äußeren verbirgt der Zucker eine große
Schwärze«, meinte zum Beispiel der Leibarzt des französischen Königs Henri IV., Joseph Duchesse. Man erkannte nämlich den Zusammenhang zwischen weißem
Zucker und schwarzen (= kariösen) Zähnen. Zucker war
auf einmal nicht nur bedenklich, sondern galt fast schon
als Gift.

Der Zucker tauchte fortan, von den Mehlspeisen abgesehen, nur noch in den Desserts auf – und daran hat
sich bis heute nichts geändert. Unsere moderne euro-
päische Küche ist also ein Kind des 17. Jahrhunderts.
Erst nach und nach werden auch wieder Erkenntnisse
früherer Zeiten berücksichtigt, unter anderem auch die
antike Vier-Säfte-Lehre. Dadurch kommt auch der Zucker wieder zu seinem Recht, der, mit Bedacht beim
Kochen eingesetzt, durchaus nicht im Widerspruch zu
einer gesunden Ernährung steht. Das Problem ist nur,
dass wir neben den Mahlzeiten ohnehin viel Süßes in
Form von Süßigkeiten zu uns nehmen, wodurch der
Zucker zum schädlichen Vitaminräuber wird.

Warum werden aufgetaute Früchte matschig?

Eine frische Frucht, die tiefgekühlt wird, sollte eigentlich ihre Frische bewahren, so denkt man. Schließlich werden in der Science-Fiction ganze Menschen für Jahrtausende tiefgefroren und sehen nach dem Auftauen auch nicht matschig, höchstens ein wenig zermatscht aus, was nach einem derart langen Schlaf auch gar nicht verwundert. Dabei ist der Mensch im Grunde auch nur eine Art Früchtchen, das vor allem aus Wasser besteht.

Das Wasser im Zellkern gefrorener Früchte ist schuld daran, dass sie beim Auftauen ihre Form verlieren. Denn während des Gefrierprozesses bildet das im Zellkern vorhandene Wasser Eiskristalle, die das zarte Pflanzengewebe durchstoßen. Das Zellgerüst wird regelrecht durchlöchert; es kann deshalb nach dem Auftauen seine Stützfunktion nicht mehr erfüllen.

Je tiefer die Temperatur beim Einfrieren ist, desto geringer ist der Matscheffekt; beim sogenannten Schockfrieren mit besonders tiefer Temperatur bilden sich zwar auch Eiskristalle, ja sogar mehr als bei normaler Gefriertemperatur, doch sind diese viel kleiner und zerstören das Zellgewebe weniger stark.

Wer also vorhat, sich einfrieren zu lassen, sollte darauf achten, dass die Schockgefriermethode angewandt wird.

Warum ist die Banane krumm?

Kleine Kinder haben auf diese Frage schnell eine Antwort parat: »... weil niemand in den Dschungel zog und die Banane grade bog.« Die Antwort stillt zwar unseren Humorhunger, aber leider nicht unseren Wissensdurst. Dazu müssen wir uns schon auf das weite Feld der Pflanzenkunde begeben. Dort erfahren wir, dass die Bananenpflanze ihre Fruchtstände unter großen schützenden Hüllblättern ausbildet. Zu Beginn wachsen die Fruchtknospen noch nach unten, einfach der Schwerkraft folgend. Wenn aber nach einiger Zeit diese Schutzblätter abfallen, aktiviert die Pflanze ein spezielles Hormon, das bei den kleinen, noch unreifen Bananen bewirkt, dass diese nun dem Licht – und nicht mehr der Erde – entgegenwachsen. Dabei muss sich die Frucht ordentlich nach oben biegen.

Warum duften frisch geröstete Kaffeebohnen so gut?

Selbst eingeschworene Teetrinker geben zu, dass sie den Duft von frisch gebrühtem Kaffe und erst recht von frisch gerösteten Kaffeebohnen mögen. Die beim Rösten frei werdenden Duftstoffe entstehen bei der sogenannten Maillard-Reaktion; sie ist benannt nach dem französischen Biochemiker L. C. Maillard (1878–1936). Er hatte die chemischen Vorgänge beim Rösten und Braten organischer Substanzen genauer untersucht und dabei herausgefunden, dass für den Duft die Eiweißstoffe, aber auch die Kohlehydrate, speziell die Zuckerverbindungen, in den Lebensmitteln verantwortlich sind. Bestimmte Kohlehydrate und Aminosäuren (die Bausteine der Eiweiße) reagieren beim Erhitzen miteinander unter Abspaltung von Kohlendioxid, wobei eine Vielzahl von Geruchs- und Geschmacksstoffen, sogenannte Melanoide, entstehen. Diese Stoffe bilden sich nicht nur beim Rösten von Kaffeebohnen – hier nur besonders viele –, sondern auch beim Backen oder Rösten von Brot und beim Braten von Fleisch. Hierin liegt auch der Grund, wieso gegrilltes Fleisch wesentlich schmackhafter ist als gekochtes. Was da so gut schmeckt und duftet sind die bräunlichen, Krusten bildenden Stoffe, die durch Hitze aus Aminosäuren und Zucker entstehen.

Vom Verlieben und Lachen – und anderen Menschlichkeiten

Warum geht der Mensch aufrecht?

Nicht nur durch seine geistigen und praktischen Fähigkeiten, die er einem außergewöhnlich großen Gehirn
verdankt, unterscheidet sich der Mensch von allen anderen Säugetieren, sondern auch durch seinen aufrechten Gang. Dieser hebt den Menschen augenscheinlich
von der Säugetierwelt ab, obwohl er biologisch den Säugetieren zuzuordnen ist.

Im aufrechten Gang ist das menschliche Streben zu
Höherem – und damit ist seine gesamte Kulturleistung
gemeint – gleichsam in eine Körpersprache der Gattung
übersetzt. Deshalb ist es ja auch etwas ganz Besonderes,
wenn das kleine Kind mit etwa einem Jahr seine ersten
freien Schritte wagt. Es erhebt sich geradezu symbolhaft
über sein tierhaftes Krabbel-Dasein.

Doch der aufrechte Gang des Menschen ist keine
biologische Spezialisierung, wie man vielleicht meinen
könnte. Sie bringt ihm ja keine Vorteile bei der Bewäl-
tigung seines Lebensalltags, vor allem keine Schnellig-
keit bei der Fortbewegung. Schimpansen, unsere nächsten Verwandten im Tierreich, bewegen sich auf allen
Vieren wesentlich schneller vorwärts als wir auf zwei
Beinen.

Was seine körperlichen Leistungen betrifft, so liegt
die Besonderheit des Menschen nicht in irgendwelchen
Spezialisierungen, wie sie die meisten Tierarten entwickelt haben, sondern in seiner Vielseitigkeit. Würde
man alle Säugetierarten an einem »Triathlon-Wettbe-
werb« aus 500 Meter Schwimmen, 1000 Meter Laufen

und 10 Meter Klettern teilnehmen lassen, ginge der Mensch als sicherer Sieger hervor. In den Einzeldisziplinen jedoch wäre er vielen Tierarten unterlegen. Im aufrechten Gang drückt sich dieser Hang zur Vielseitigkeit körperlich aus.

Aber wieso richteten sich die Vorfahren des Homo sapiens nach und nach auf, nachdem sie sich von der Schimpansenlinie abgespalten und ihren eigenen Evolutionsweg eingeschlagen hatten? Bislang versuchten die Wissenschaftler diese Frage mit der sogenannten Savannentheorie zu erklären: Der Frühmensch habe, nachdem er von den Bäumen herabgestiegen war, den aufrechten Gang mit der Zeit eingenommen, um den Lebensraum der Savanne, also des Graslands, zu erobern. Denn nur der aufrechte Gang bietet im hohen Savannengras den nötigen Überblick, sei es, um Gefahren rechtzeitig zu erkennen oder nach Jagdwild auszuspähen. Der aufrechte Gang erlaubte es den Vorläufern des Homo sapiens zudem, ihre Hände frei zu haben, etwa für Jagdwaffen oder einfache Werkzeuge. Allerdings zeigen gerade die Schimpansen, wie man sich flink auf allen Vieren fortbewegen und dabei dennoch Gegenstände bei sich tragen kann. Zum Spähen richten sie sich kurzzeitig auf und fallen dann auf alle Viere zurück. Die Frage ist also gar nicht so sehr, warum der Frühmensch sich aufgerichtet hat, sondern wieso er allmählich in dieser Haltung blieb. Sie musste für ihn besondere Vorteile bieten, die sie für den Schimpansen nicht hatte.

Diese gängige Theorie lässt also die eine oder andere Frage offen. Eine neue Theorie geht davon aus, dass der Frühmensch nicht nur Savannenbewohner war, sich also nicht nur auf diesen einen Lebensraum spezialisiert hat, sondern während dieser Frühzeit noch in mehreren unterschiedlichen Lebensräumen lebte: in den Bäumen, auf dem Grasland und vor allem auch im Wasser. Schon die menschlichen Körperproportionen verweisen auf eine Millionen Jahre während Anpassung an mehrere Lebensräume. Die im Vergleich zum Schimpansen wesentlich längeren Beine erleichterten dem aufrecht gehenden Menschen das Waten im Flachwasser. Überhaupt, so die neue Theorie, habe sich der Frühmensch den aufrechten Gang nicht in der Savanne, sondern im Wasser angewöhnt. Möglicherweise hatte der Frühmensch sogar über eine längere Epoche vorwiegend im Wasser gelebt und dort einige der körperlichen Merkmale entwickelt, die ihn vom Menschenaffen unterscheiden. Im Wasser habe er beispielsweise den größten Teil seiner Körperbehaarung verloren, gleichzeitig aber unter der Haut besondere, für den Menschen typische Fettpolster als Wärmeschutz ausgebildet. Dazu passt die auffallende Zuneigung von Menschenbabys zum Wasser; sie können bereits im ersten Lebensmonat tauchen. Auch wiegt ein neugeborener Mensch fast doppelt so viel wie ein Schimpansen-Neugeborenes – wegen der Fettschicht, die, so die neue Theorie, für ein urzeitliches Wasserdasein lebensnotwendig war. Für reine Landbewohner aber wäre ein derart schwergewichtiger Nachwuchs von erheblichem Nachteil: Die Geburt ist schwierig, und die Kinder sind nur unter großem Kraftaufwand durchs Gelände zu tragen, was bei der Flucht Gefahren heraufbeschwört. Im Wasser hingegen trägt das Wasser die Hauptlast und erleichtert so die Fortbewegung. Auch der Geburtsvorgang bei den großen Menschenbabys wird im Wasser erleichtert.

Nicht alle typischen Merkmale des Menschen lassen sich auf eine Amphibienexistenz in der Frühzeit zurückführen. Doch der aufrechte Gang wird dadurch irgendwie verständlicher. Vielleicht wäre es überhaupt das Beste gewesen, wenn der Mensch sich zu einem Wasserlebewesen entwickelt hätte. Aber was nicht ist, kann ja noch werden – in einigen Millionen Jahren.

Warum gibt es Mädchen und Jungen?

Auf der Erde leben ungefähr 6 Milliarden Menschen, davon sind 3 Milliarden weiblichen und 3 Milliarden männlichen Geschlechts. Die Natur scheint ganz offensichtlich großen Wert darauf zu legen, dass die Rechnung mit den Geschlechtern aufgeht. Das gilt freilich nicht nur für die Menschen, sondern fast für alle Tierarten und sogar für manche Pflanzenarten. Es gibt – ungefähr zu gleichen Teilen – weibliche und männliche Lebewesen. Aber wieso? Wozu soll das gut sein? Würde nicht ein Geschlecht genügen? Wozu der ganze Aufwand mit den zwei Geschlechtern?

Diese Fragen sind durchaus nicht abwegig, denn in der Tat kennt die Natur auch unzählige Lebewesen, bei denen es keine Geschlechter gibt, beziehungsweise solche, die mit nur einem Geschlecht, nämlich dem weiblichen, auskommen. Da wären zum Beispiel die Bakterien zu nennen. Gerade sie sind die erfolgreichsten Lebewesen, die die Erde je hervorgebracht hat. Es gibt sie seit etwa 3 Milliarden Jahren. Diese Einzeller waren höchstwahrscheinlich die ersten und lange Zeit einzigen Lebewesen auf der Erde, und nichts deutet darauf hin, dass ihre Erfolgsgeschichte demnächst zu Ende gehen könnte.

Wollen sich Bakterien fortpflanzen, so teilen sie sich einfach – eine simple, aber wirkungsvolle Methode, um sich rasch zu vermehren. Warum machen es andere Lebewesen nicht genauso? Wieso teilen wir Menschen uns nicht einfach? Nun, weil das bei komplizierten, aus vielen Milliarden Zellen aufgebauten Organismen nicht mehr geht. Die Teilung als Fortpflanzungsart funktioniert bei Einzellern wie Bakterien oder Algen, bei Pilzen und zuletzt bei einigen wirbellosen Tieren.

Man braucht nur mal zuzusehen, wie schnell ein Hefeteig aufgeht, was ja nichts anderes bedeutet, als dass der Hefepilz sich vermehrt. In nur elf Minuten teilt sich jede einzelne Hefepilzzelle in zwei. Nach 22 Minuten sind es schon vier, und ließe man den Teig drei Stunden stehen, so hätten sich aus einer einzigen Hefepilzzelle bereits 84 000 Nachkommen entwickelt. Fruchtbarer geht's nicht. Und es würden immer noch mehr werden, solange der Vorrat an Mehl, Milch und Zucker ausreicht. Denn davon ernähren sich die Hefepilzzellen, wobei sie, wie wir Menschen auch, Kohlendioxid »ausatmen«. Dieses bläht den Teig auf, was ihn so schön locker und leicht macht. Im Prinzip könnte man in relativ kurzer Zeit die ganze Küche bis an die Decke mit einem Hefeteig füllen – und das allein mit einem einzigen Klümpchen Backhefe. Für diese atemberaubende Fortpflanzung benötigt der Hefepilz keine Sexualität. Wozu sollten sich Hefepilze die Mühe machen, einen Partner zu finden? Alles viel zu umständlich!

Mehrzellige Lebewesen müssen sich allerdings etwas anderes einfallen lassen. Also haben sie sich die Keimzellen einfallen lassen. Das heißt jedoch noch lange nicht, dass diese unbedingt in zwei Formen, also weiblich und männlich, vorkommen müssen. So sehr es den männlichen Leser auch schmerzen mag – grundsätzlich ist das männliche Geschlecht mit seinen männlichen

Samenzellen für die Fortpflanzung nicht notwendig. Im Gegenteil: Das Männliche hat in der Natur eher den Charakter des Schmarotzerhaften. Schließlich vermehren sich die Männchen nicht selber, sondern nur über die Weibchen, wobei sie diesen auch noch die Nahrungsreserven und Lebensräume streitig machen. Im Grunde würde es für höher entwickelte Lebewesen ausreichen, wenn alle weiblich wären und ihre Nachkommen aus unbefruchteten Eiern erzeugten. Blattläuse oder Planktonkrebse machen es so. Die »Mütter« erzeugen »Töchter«, die wiederum unbefruchtete Eier legen. Auf »Männer« können sie gut verzichten.

Der Nachteil bei dieser Art der Fortpflanzung liegt auf der Hand: Die Individuen sind alle gleich. Die Töchter sehen aus wie ihre Mütter, aber auch wie ihre Großmütter«, und auch die Töchter gleichen einander aufs Haar – falls sie Haare haben.

Wissenschaftler haben vor Kurzem herausgefunden, dass der Ursprung aller Männlichkeit das weibliche Sexualhormon Östrogen ist. Der biblische Mythos von der Bildung der Frau (Eva) aus der Rippe des Manns (Adam) ist durch die moderne Biologie widerlegt. Es ist genau umgekehrt: Adam entstammt dem Hormon Evas. Das männliche Sexualhormon Testosteron bildete sich während der Evolution aus dem Östrogen. Bei einfach gebauten Tieren, etwa dem Meerneunauge, einem primitiven, aalartigen Fisch, fehlen oft männliche Sexualhormone. Bei Männchen wie Weibchen reguliert das Östrogen die Geschlechtsreife und das Sexualverhalten. Dass also die Hormone den Mann zum Mann und die

Frau zur Frau machen, ist eine relativ junge Erscheinung bei den höher entwickelten Wirbeltieren.

Der Gedanke, dass alle Menschen vollkommen gleich sein könnten, ist nicht mal besonders abwegig. Immerhin gibt es eineiige Zwillinge, die einander vollkommen gleichen, und niemand findet daran etwas auszusetzen. Doch auch eineiige Zwillinge haben Mütter und Väter.

Wieso entstehen bei höheren Organismen die Nachkommen fast ausschließlich durch sexuelle Fortpflanzung? Welche Vorteile hat das? Es muss ja Vorteile haben, denn sonst hätte die Natur es nicht hervorgebracht. Dummerweise ist es den Wissenschaftlern bis heute ein Rätsel, wieso es Sexualität gibt, also weiblich und männlich, Mädchen und Jungen, Frauen und Männer. Die Sexualität ist – man glaubt es kaum eine der härtesten Nüsse der biologischen Forschung. Seit Generationen zerbrechen sich die Biologen ihre Köpfe darüber, wieso die meisten Tier- und Pflanzenarten einen so großen Aufwand für die Fortpflanzung betreiben.

Ein Grund ist wohl der: Immer nur gleichartige Nachkommen zu erzeugen, kann schnell gefährlich werden. Wenn nämlich alle Individuen einer Art vollkommen gleich sind, dann sind auch alle gleich anfällig gegenüber Umwelteinflüssen wie Wind und Wetter, Feinden und Krankheiten. Das wäre vergleichbar mit den Einwohnern einer Stadt, die ihre Wohnungen vor Einbruch schützen, indem sie ihre Türen mit vollkommen gleichen Schlössern versehen. Das wäre absolut unsinnig, denn es könnte ein einziger Dieb mit einem einzigen Nachschlüssel in jede Wohnung der Stadt

gelangen. Der Schutz ist nur dann gegeben, wenn jedes
Haus und jede Wohnung ein anderes Schloss hat – wie
es in der Wirklichkeit ja auch ist.

Ähnlich ist es mit den Lebewesen, auch dem Menschen: Je mehr wir uns voneinander unterscheiden,
desto sicherer ist der Fortbestand der Art als ganzer.
Dann sterben bei einer Grippeepidemie nicht gleich alle
Menschen, sondern nur ganz wenige, ja die meisten werden erst gar nicht krank, weil ihr Abwehrsystem die
angreifenden Viren in Schach hält.

Aber was hat das alles mit der Tatsache zu tun, dass
es Mädchen und Jungen gibt? Nun, aus Mädchen und
Jungen werden während der Geschlechtsreife Frauen
und Männer, und die meisten von ihnen suchen sich
irgendwann Partner, unter anderem zu dem Zweck,
Kinder miteinander zu haben. Und jedes Kind, das auf
dieser Welt geboren wird, ist einmalig – von eineiigen
Zwillingen mal abgesehen. Freilich sind die Unterschiede zwischen den Menschen auch nicht sehr groß,
zumindest auf der genetischen Ebene. Genetisch sind
nämlich alle Menschen zu 99,9 Prozent gleich. Die Unterschiede zwischen den Menschen beruhen also gerade
mal auf einem Promille der Gene. Denn alle Menschen
haben Augen, Nasen, Beine, Haare, ein Herz und ein
Hirn und so weiter. Für die kleinen Unterschiede, etwa
in der Farbe der Augen der Länge der Nasen oder der
Leistungsfähigkeit von Herz und Hirn, sind allein die
Eltern verantwortlich. Sie haben einen Teil ihrer Eigenschaften an ihre Kinder weitergegeben, und zwar nicht
irgendwie, sondern auf sexuellem Weg, also indem sie

Sex miteinander hatten. Als Folge davon verschmolz eine weibliche Eizelle mit einer männlichen Samenzelle – nach reinem Zufallsprinzip. Diese tragen in sich die Informationen für alle Eigenschaften, die das Kind haben wird – alle vererbbaren Eigenschaften, um genau zu sein, denn es gibt auch solche, die im Laufe des Lebens erworben werden. Die Träger der vererbten Informationen sind die Gene. Die Gene, so könnte man sagen, liefern den Bauplan für jedes einzelne Lebewesen.

Die Eltern geben also ihre Gene an die Kinder weiter, aber nicht stur nach einem immer gleichen Muster, sondern die Gene werden bei jedem Kind wie bei einem Kartenspiel neu gemischt. Das ist der Grund, wieso Geschwister, obwohl sie die gleichen Eltern haben, nicht gleich sind, sondern einander nur mehr oder weniger ähneln. Wir sind nicht bloß Kopien unserer Eltern. Damit aber tritt Vielfalt an die Stelle der Einförmigkeit, wie sie etwa bei einer Bakterienart vorliegt.

Die Sexualität garantiert also die Mischung der Gene, und diese Mischung garantiert die Vielfalt unter den Individuen. Das Erbgut des Menschen besteht aus 23 Chromosomenpaaren, man könnte auch sagen: aus 23 Doppelpacks aus Genen. Jedes der 23 Chromosomen haben wir also doppelt, und damit auch jedes Gen: eins von der Mutter (über die Eizelle), eins vom Vater (über die Samenzelle). Ursprünglich hatten auch die Keimzellen der Eltern 2-mal 23 Chromosomen. Doch bei der Geschlechtsreife teilen sich die Keimzellen, wobei auch ihr Chromosomensatz halbiert wird. Bei dieser Teilung werden die Gene in den Chromosomen nach dem Zu-

fallsprinzip gemischt; der Zufall entscheidet, ob die Eltern ein bestimmtes Gen oder dessen Doppelgänger an
ihr Kind weitergeben. Ob das Kind ein Mädchen oder
ein Junge sein wird, entscheidet allein das 23. Chromo-
somenpaar. Dieses besteht bei Mädchen aus zwei sogenannten X-Chromosomen, bei Jungen aus einem X- und
einem Y-Chromosom. Und weil nur Jungen und Männer dieses Y-Chromosom in ihrem Erbgut haben, können nur sie es später an ihre Kinder weitergeben. Allerdings hat nur die Hälfte aller männlichen Samenzellen
dieses Y-Chromosom. Deshalb ist das Verhältnis der
Frauen und Männer auf der Welt etwa 50:50. Dennoch
kann der Zufall es wollen, dass in einer Familie nur
Töchter oder nur Söhne geboren werden. Die weiblichen
Keimzellen haben als 23. Chromosom stets nur ein X-
Chromosom, weshalb das Geschlecht eines Kindes immer von der männlichen Samenzelle bestimmt wird.

Inzwischen weiß man, dass das männliche Y-Chromosom nur eine Schrumpfversion des weiblichen X-
Chromosoms ist. Vor Hunderten von Jahrmillionen
waren X und Y noch gleichartige Partnerchromosomen.
Das Y-Chromosom ist nicht nur viel kleiner als das
X-Chromosom, sondern es trägt entsprechend auch
weniger Erbinformation als sein X-Partner. Das Y-Chromosom besitzt nur ein paar Dutzend Gene, das X-Chromosom hingegen 2000 bis 3000 Gene. Doch obwohl das
Y-Chromosom viel weniger Gene hat, enthalten diese
auch noch ungewöhnlich viel an »nutzloser« Erbsubstanz. Die Genforscher sprechen von regelrechter
»Schrott«-DNS – eine wenig schmeichelhafte Bezeich-

nung für jenes Gen, das für die Männlichkeit verantwortlich ist.

Die Sexualität sorgt also für Abwechslung unter den Lebewesen, obwohl sie keine neuen Gene erzeugt, sondern die Gene zweier Individuen nur neu kombiniert. Hierin liegt wohl auch der eigentliche Grund für den Erfolg der sexuellen Fortpflanzung: Sie steigert die genetische Vielfalt der Nachkommenschaft. In einer ständig sich verändernden Umwelt ist Vielfalt von Vorteil bei der Anpassung an diese Veränderungen. Darüber hinaus macht die Existenz zweier Geschlechter das Leben einfach aufregender. Gäb's nur ein Geschlecht, dann gäb's zwar keinen Streit zwischen Frauen und Männern, aber auch keine Verliebtheit und was sonst noch an aufregenden Gefühlen dazu gehört. Das Leben wäre nur halb so schön.

Warum verlieben sich Menschen ineinander?

Verliebt zu sein ist etwas Wunderbares; man schwebt
wie auf einer Wolke, die Sonne scheint Tag und
Nacht, was meistens Schlaflosigkeit zur Folge hat, sie
scheint auch bei tristem Regenwetter. Man trägt nämlich die Sonne in sich selber; sie strahlt einem aus den
Augen. Gewiss, Verliebtheit ist oft auch mit Stress verbunden, aber mit einem, den man als positiv empfindet,
selbst wenn man unter chronischer Appetitlosigkeit lei-
det und keinen klaren Gedanken mehr fassen kann. Die
Liebe, so sagt man, geht vom Herzen aus, und deshalb
klopft es in einem verliebten Menschen auch so heftig
und möchte fast zum Hals herausspringen. Der Verliebte ist nicht mehr ganz bei Trost, er ist außer sich und
möchte nur beim Geliebten sein. Wunderbar!

Doch dieser ganze lust- und leidvolle Höhenflug der
Gefühle, so sagen uns die Hirnforscher, sei nur die Folge
ganz bestimmter Gehirnaktivitäten. Die Liebe gehe gar
nicht vom Herzen, sondern vom Gehirn aus, sie werde
im Herzen nur gefühlt, manchmal auch im Magen oder
in den Knien – wenn sie ganz weich werden. Die Verliebtheit entsteht also im Kopf und nirgendwo sonst.

Liebe und Verliebtheit sind Hirngespinste im wahrsten Sinne des Wortes: geistige Produkte eines undurch-
schaubaren Gespinsts von Nervenzellen, die miteinander elektrisch und chemisch kommunizieren. Im Gehirn
wird die Molekülmischung hergestellt, die Verliebtheitsgefühle auslöst. So hat zum Beispiel der Hirnforscher
Andreas Bartels am Londoner University College mit

Hilfe der sogenannten Positronen-Emissions-Tomografie (PET) die Gehirne von siebzehn frisch Verliebten »durchleuchtet«. Es zeigte sich, dass nur wenige Hirnbereiche aktiviert wurden, also zu »feuern« begannen, sobald man den Testpersonen Fotos ihrer Herzallerliebsten zeigte.

Um Verliebtheitsgefühle zu erzeugen, bedarf es offensichtlich nur kleiner Anstrengungen des Gehirns. Es produziert sie gleichsam ganz nebenbei. Nach allem, was wir bisher wissen, wird Verliebtheit nur in fünf kleinen Hirnarealen ausgelöst. Zwei von ihnen liegen tief in der Hirnrinde unter der Stirn. Ein weiteres ist zuständig für alle möglichen rauschhaft-heiteren Gefühlswallungen; es reagiert auch besonders stark auf Drogen. Verliebtheit hat ja in der Tat etwas von Süchtig-Sein. Das vierte »Verliebtheitsareal« ist grundsätzlich bei allen angenehmen Gefühlszuständen aktiv; es schüttet das »Glückshormon« Dopamin aus. Das fünfte Hirnareal, das bei Verliebtheit mit im Spiel ist, liegt im rechten Hirnlappen; es wirkt allerdings nur, indem es seine Aktivität fast ganz einstellt. Das leuchtet auch sofort ein, wenn man erfährt, dass dieses Gebiet normalerweise für depressive Stimmungen mit verantwortlich ist.

Die Verliebtheit beruht also hauptsächlich auf Wechselwirkungen zwischen fünf kleinen Hirnbereichen. Doch erst wenn die Erregungen dieser Gebiete zu einer besonderen »Hormonausschüttungszentrale«, dem sogenannten Hypothalamus weitergeleitet werden, beginnen wir die Verliebtheit auch körperlich zu spüren.

Alle unsere Gefühle, nicht nur die Verliebtheit, werden von Hormonen verursacht. Der Hypothalamus ist die zentrale Hormondrüse des Gehirns; sie beeinflusst andere nachgeordnete Hormondrüsen. Die Wirkung einer ganz bestimmten Hormonmixtur, die der Hypothalamus gleich einem Barkeeper zusammenstellt, *ist* dann die Verliebtheit. Alles pure Biochemie – zumindest in den Augen der Biochemiker.

Das ist natürlich eine ziemlich ernüchternde Erkenntnis, über die man sich allerdings nicht erregen sollte, denn auch die Erregung wäre wiederum nur auf Hormonausschüttungen zurückzuführen. Unseren Hormonen kommen wir nicht so leicht aus.

Wenn wir also einem anderen verliebt in die Augen schauen und wie auf Wolken schweben, dann sind nur Moleküle im Gehirn am Werk. Sie sind verantwortlich dafür, dass unser Herz schneller schlägt, der Schweiß ausbricht, die Knie zittern und wohlige Gänsehaut entsteht. Die hormonelle Verliebtheitsmixtur besteht in der Hauptsache aus folgenden Stoffen: dem schon erwähnten Dopamin, das unter anderem für das sexuelle Lustempfinden verantwortlich ist, dann dem Testosteron, das den Grad des Liebesverlangens steuert, dem Serotonin, das je nach Konzentration entweder hemmungslos oder schüchtern sein lässt, und schließlich noch den Hormonen Progesteron, Prolaktin und Vasopressin, die die Verliebtheit im Zaum halten, damit wir nicht irgendwann vollkommen durchdrehen. Dass der erste Liebesrausch meist der heftigste ist, dafür ist das Hormon Phenyläthylamin (PEA) zuständig. Man findet es in hoher

Konzentration im Blut von frisch Verliebten; es hemmt die Kontrolleinrichtungen des Hirns, weshalb Verliebte oft den Eindruck größter Weltfremdheit machen und dazu neigen, verrückte Dinge zu tun. Hinzu kommt, dass PEA eine den Appetit hemmende Wirkung hat. Deshalb sind Verliebte wahre Hungerkünstler; ihnen reichen »Luft und Liebe«.

Doch Verliebtheit ist meist auch mit Stress und Angst verbunden, und das bedeutet, dass auch Stresshormone wie Cortisol oder Adrenalin dem Hormon-Cocktail beigemischt sind. Als wären es der Hormone nicht schon genug, kommen auch noch »Suchtmacher« hinzu, sogenannte Morphine. Liebeskummer oder chronische Liebeskrankheit wären demnach nur die schmerzliche Folge von Morphinentzug. Im Gegensatz dazu gibt es auch Menschen, die sich krankhaft in einem pausenlosen Verliebtheitszustand befinden.

Kurzum: Ob zu viel oder zu wenig Liebesgefühl – das entscheidet sich fast ausschließlich im Gehirn. Ohnehin muss man feststellen, dass alle geistig-seelischen Vorgänge eine materielle Grundlage haben: eben die 100 Milliarden Nervenzellen des Gehirns. Wieso wir uns gerade in diesen Menschen verlieben und nicht in einen anderen, ist freilich eine andere Frage. Diese hat weniger mit dem Gehirn zu tun als mit unserer einmaligen Biografie.

Warum können wir Süßes von Salzigem, Saures von Bitterem unterscheiden?

Schmecken scheint ein einfacher Sinn zu sein. Wir sprechen gewöhnlich von vier Grundrichtungen des Geschmacks: süß, sauer, salzig und bitter. Die Geschmacksforscher nennen aber noch einen fünften: »umami«. Damit ist der herzhafte Geschmack von Fleisch und Käse gemeint. Der Geschmacksverstärker Glutamat, eine Aminosäure, gilt als klassisches Beispiel für »umami«. Kürzlich haben Forscher entdeckt, dass sich auf unserer Zunge noch spezielle »Antennen« für Aminosäuren befinden, was ja auch sinnvoll erscheint, da der Mensch 20 verschiedene Aminosäuren zum Aufbau von Eiweißen (Proteinen) benötigt. Diese Antennen reagieren auf die unterschiedlichen Aminosäuren unterschiedlich stark. Das Schmecken ist also, im Gegensatz zum Sehen und Hören, ein noch weitgehend unerforschter Sinn. Ganz sicher ist nur, dass für das Schmecken die Zunge zuständig ist. Nach einer älteren Theorie, die noch immer in Schulbüchern herumgeistert, weist die Zunge verschiedene Zonen auf, von denen jede für einen anderen Geschmack zuständig ist, etwa die Spitze für Süßes und der hintere Zungenteil für Bitteres. Doch diese Ansicht ist falsch.

Die Zunge besitzt keine besonderen Zonen für bestimmte Geschmäcke. Vielmehr findet man auf der Zunge – mit bloßem Auge zu erkennen – vier Sorten von sogenannten Geschmackspapillen. Drei davon enthalten geschmacksempfindliche Sinneszellen, die stets zu mehreren gebündelt sind. Solch ein Bündel wird Geschmacksknospe genannt. Jede Geschmackssinneszelle kann im Prinzip alle Geschmacksqualitäten, also salzig, sauer, süß, bitter und »umami« erfassen.

Nicht anders als beim Sehen oder Hören ist auch das Schmecken eine Leistung des Hirns. Die Zunge liefert nur die Geschmacksreize, die dann vom Hirn zu einer Art »Geschmacksbild« zusammengesetzt werden. Bei der Verfeinerung dieses »Bilds« ist auch der Geruchssinn beteiligt. Schmecken und Riechen arbeiten also eng zusammen, was wir bei einer Erkältung mit Schnupfen auf unangenehme Weise erfahren: Mit verstopfter Nase schmecken auf einmal alle Speisen gleich, nämlich gleich fade. Zum »Geschmacksbild« gehört aber auch noch das Mundgefühl der Speise, also die Vielfalt der Berührungsreize, die beim Beißen, Kauen und Lutschen entstehen. Auch die Form macht den Geschmack. Das lässt sich sehr schön an den italienischen Nudeln zeigen, von denen es mehr als hundert Sorten gibt. Sie bestehen alle aus dem gleichen Material – Hartweizen –, doch jede Nudelform weckt eine eigene Geschmacksempfindung durch ihre besondere Form. Ebenso wichtig sind die Empfindungen von kalt und warm. Alles zusammen wird vom Gehirn zum »Geschmacksbild« zusammengesetzt.

Freilich bezieht sich der eigentliche Geschmackssinn auf die fünf Grundgeschmäcke, auf die die Geschmackssinneszellen der Zunge reagieren. Sie tun dies auf zwei unterschiedliche Weisen: Bei salzigen und sauren Stoffen gelangen elektrisch geladene Atome oder Moleküle, sogenannte Ionen, in die Sinneszellen, wodurch sich deren elektrisches Spannungsgefälle an der Außenwand ändert. Das veranlasst dann die Zelle, einen Signalstoff an angrenzende Nervenzellen abzugeben. Diese chemische Botschaft wird dann von den Nervenzellen als elektrisches Signal an das Gehirn weitergeleitet.

Bei süßen und bitteren Stoffen werden in den Sinneszellen andere, und zwar äußerst komplizierte Mechanismen in Gang gesetzt. Hier dringen keine Ionen in die Sinneszellen ein, sondern die Süß- und Bitterstoffe docken an sogenannte Rezeptoren an der Zelloberfläche an. Diese Erkennungsmoleküle aktivieren dann ein bestimmtes Enzym, das im Innern der Zelle wiederum die Herstellung eines Botenstoffs bewirkt. Dieser gibt endlich die Information an die Nervenzellen weiter und diese leiten sie ans Gehirn. Die Oberflächenrezeptoren reagieren aber nur, wenn der Geschmacksstoff genau zum Rezeptor passt – wie ein Schlüssel ins Schloss. Dann erst kann die Signalkette im Zellinnern »zünden«.

Beim Schmecken von süß oder bitter werden also viele Reaktionsphasen in der Sinneszelle durchlaufen, die man längst noch nicht alle kennt. Was man allerdings sicher weiß: Einzelne Nervenzellen des Geschmackssystems können auf mehr als nur einen Geschmack ansprechen – ähnlich wie bei den Sehzellen. Auch diese können beim Farbensehen auf mehr als nur eine Farbe reagieren. Die einzelne Geschmackszelle kann unter Umständen auch auf unterschiedliche Geschmacksstoffe gleich reagieren. Nicht alles, was süß schmeckt, muss Zucker sein; so schmeckt zum Beispiel

Chloroform auch süß, ebenso der künstliche Süßstoff Saccharin, der chemisch nichts mit Zucker zu tun hat.

Unsere Geschmackswahrnehmung ist allerdings nicht auf das Erfassen von süß, sauer, bitter oder salzig beschränkt. Neben diesen Hauptgeschmacksrichtungen werden auch noch andere Eigenschaften der aufgenommenen Nahrung vom Geschmackssystem registriert. So werden Unterschiede in der Geschmacksintensität ebenso wahrgenommen wie die Qualitäten »wohlschmeckend« oder »widerlich schmeckend«, »heiß« und »kalt« oder »fest« und »weich«. Beim Sehen ist es ja ähnlich: Die Sehzellen nehmen nicht nur Farben wahr, sondern auch Formen, Helligkeitsunterschiede und Bewegungen – und zwar alles gleichzeitig. Die Gesamtwahrnehmung im Hirn ergibt sich aus einem übergreifenden Aktivitätsmuster, das die zahlreich beteiligten Neuronen (Hirnzellen) miteinander bilden.

Ähnlich schmeckende Stoffe erzeugen ähnliche Aktivitätsmuster bei jenen Neuronengruppen im Hirn, die für das Schmecken zuständig sind. Wenn die »Süß-Gruppe« zusammen mit der »Eiskalt-Gruppe« und der »Cremig-weich-Gruppe« aktiv ist – und noch über die Nase die Geruchsinformation »Erdbeere« hinzukommt –, dann essen wir gerade einen süßen, eiskalten, cremig-weichen Stoff mit Erdbeerduft, kurzum: ein Erdbeereis.

Nochmals: Wir schmecken zwar mit der Zunge, aber die Wahrnehmung des Geschmacks findet im Gehirn statt. Doch das gilt, wie wir bereits wissen, für jede Art von Sinneswahrnehmung. Das Gehirn ist das zentrale

Sinnesorgan. Die Sinneszellen der Zunge codieren die Geschmacksstoffe in elektrische Impulse, und diese werden in den zuständigen Arealen des Hirns wieder decodiert und in Geschmacksbilder übersetzt.

Weitgehend unklar ist allerdings noch die Frage, wie das Geschmackssystem es fertig bringt, mehrere Substanzen gleichzeitig zu registrieren, obwohl die Nervenzellen nicht auf einzelne Geschmäcke programmiert sind. Wie weiß eine Sinneszelle, welchen von zwei Geschmäcken sie augenblicklich registrieren soll, wenn sie doch für beide zuständig ist? Das will alles erst noch erforscht sein.

Die Geschmackszellen sorgen aber nicht nur dafür, dass wir die Speisen schmecken und damit genießen können, sondern sie haben auch eine lebenswichtige Funktion. Der Geschmack allein ist an sich nicht lebenswichtig, denn auch geschmacklose Speisen würden uns am Leben erhalten. Doch die Geschmackszellen ermöglichen es uns, das Richtige zu essen, also das, was der Organismus braucht, während sie gleichzeitig den Körper dazu anregen, jene Stoffe bereitzustellen, die die aufgenommene Nahrung verarbeiten sollen. Wenn wir also zum Beispiel die Süße des Zuckers schmecken, wird in der Bauchspeicheldrüse die Freisetzung des »Zuckerhormons« Insulin angeregt, mit dessen Hilfe der Zucker erst vom Organismus verwertet werden kann.

Genauso wichtig ist, dass wir giftige oder verdorbene Nahrung bereits im Mund als solche erkennen – und ausspucken. Das funktioniert dummerweise nicht immer. Es gibt zahlreiche Giftstoffe, die angenehm süß schmecken oder geschmacksneutral sind. Auch verdorbene Speisen erkennt man nicht immer, sonst gäbe es keine Fleisch- oder Fischvergiftungen. Durch starkes Würzen werden die unangenehmen Geschmäcke verdorbener Nahrungsmittel oft überlagert, sodass sie von den Geschmackszellen nicht mehr registriert werden können. Sonst aber erzeugt der meist säuerliche Geschmack von verdorbenen Speisen ein heftiges Ekelgefühl. Viele Gifte schmecken intensiv bitter und das ist gewiss kein Zufall. Denn stark Bitteres spucken wir unwillkürlich aus. Leichten Bittergeschmack hingegen empfinden viele von uns als angenehm, weshalb wir bei bitterer Schokolade oder bitterem Bier nicht nein sagen. Daran sieht man auch, wie eng Geschmack und Gefühl zusammenhängen. Lust auf Süßes und Ekel vor stark Bitterem scheinen im Menschen genetisch fixiert zu sein. Übrigens mögen auch die meisten Tiere Bitteres nicht – und so schützen sich viele Pflanzenarten durch Bitterstoffe vor dem Tierverbiss.

Warum kauen Millionen Menschen
an den Fingernägeln?

Es geht das Gerücht um, dass 18 Millionen Deutsche an ihren Fingernägeln kauen, also jeder vierte. Es gibt allerdings Völker, in denen noch mehr Menschen dieser Unsitte verfallen sind. Der Anstand verbietet es, sie hier zu nennen. Denn Fingernägelkauen ist nichts, worauf man stolz sein könnte. Das sieht man schon daran, dass Nägelkauer ihre Hände ungern zeigen. Merken sie, dass man ihnen bei ihrer Kauarbeit zuschaut, hören sie meist sofort damit auf und lassen die Hände in der Hosentasche oder unterm Tisch verschwinden.

Nägelkauen ist eine Krankheit oder Verhaltensstörung, freilich eine, mit der man ganz gut leben kann. Die Medizin bezeichnet Nägelkauer als Onychophagen. Längst ist diese peinliche Beschäftigung auch Forschungsgegenstand von Psychologen, unter denen es natürlich auch jede Menge Nägelbeißer gibt. Zum besseren Verständnis untergliedern sie diesen zwanghaften Vorgang in vier Phasen: »Zuerst wird die Hand an den Mund geführt und verharrt dort für einige Sekunden. Dann wird ein Finger an die Zähne platziert. Es folgen schnelle krampfartige Bisse. Schließlich wird der Finger aus dem Mund gezogen und sein Zustand inspiziert. Gleichzeitig werden die anderen Finger schon auf mögliche Beißstellen hin kontrolliert. Der Gesichtsausdruck in der letzten Nägelkauphase ist gewöhnlich intensiv.«

Aber die Psychologie begnügt sich nicht mit der bloßen Beschreibung seelischer Störungen, sie will das

Beschriebene auch deuten. Lange Zeit sah man im Nägelbeißen nur eine besondere Form von ausgelebtem Selbsthass: Der Nägelkauer verstümmelt sich und führt dabei Aggressionen ab, die er gegen sich selber hegt. Nägelkauer, so wurde sogar behauptet, seien potenzielle Selbstmörder. Das ist natürlich Quatsch. Bei 18 Millionen Nägelbeißern in Deutschland müsste die Selbstmordrate entsprechend hoch sein, was aber nicht der Fall ist.

Erst 1997 gab es in den USA eine erste groß angelegte Forschungsstudie über das Nägelkauen, die dieses Laster endlich einmal genauer unter die Lupe nahm. Befragt wurden 3500 Studenten über ihre Nägelkaupassion. Anscheinend findet man unter Studenten besonders viele Nägelbeißer. Die Ergebnisse der Studie wurden unter dem Titel »Das Kauen von Fingernägeln als Zeichen für Stress und Schwermut« veröffentlicht. Interessant an dieser Studie ist vor allem, dass den einzelnen Fingern, an denen gekaut wird, unterschiedliche Bedeutungen zugeordnet werden. So stehe der Mittelfinger, auch »Stinkefinger« genannt, für das Vulgäre. Wer bevorzugt am Mittelfinger kaut, weise sich als besonders derber Mensch aus, der nur leider das Problem habe, die vulgäre Seite seiner Persönlichkeit nicht wirklich ausleben zu können; er muss sie unterdrücken und verdrängen. Doch wie man weiß – alles Verdrängte kehrt zurück, sei es in Träumen, sei es im Kauen von Fingernägeln.

Der Ringfinger hingegen symbolisiere die Liebes-
beziehung. Wer am Ringfinger am liebsten kaut, hat also
zu viel Verdrängtes in der Partnerschaft.

Der Daumen ist der klassische Nuckelfinger, der den
kleinen Kindern als Brust- beziehungsweise Schnuller-
ersatz dient. Wer am Daumennagel kaut, hat also sein
Säuglingsdasein nicht wirklich ausleben dürfen; er befindet sich dabei in Gesellschaft der Zigarettenraucher
und Kaugummikauer und all jener Menschen, die am
liebsten aus der Flasche trinken.

Die Zeigefingerkauer, so behaupten die Forscher,
seien ganz auf sich selbst fixiert und selbstverliebt.

Und der kleine Finger? Nun, dieser ist vor allem bei
Männern der am heftigsten angenagte Finger, was nicht
verwundert, denn der »Kleine« gilt als Symbol für sexuelle Probleme. Die Forscher nehmen da kein Blatt vor
den Mund und stellen nüchtern fest: Kleinfingernagel-
kauer neigen zu Impotenz.

Erstaunlicherweise sind aber auch von den nägelkau-
enden Frauen 96 Prozent vollkommen auf den kleinen
Finger fixiert, gegen nur 84 Prozent der Männer. Das
Kauen von Frauen am kleinen Finger wird jedoch nicht
als Zeichen sexueller Impotenz gedeutet, sondern es soll
sich darin eine Neigung zum Vulgären und zum Anders-
sein-Wollen ausdrücken. Der kleine Finger ist also für
die Frauen das, was für die Männer der Mittelfinger ist.

Der durchschnittliche Nägelkauer ist allerdings auf
keinen speziellen Finger fixiert; er kaut grundsätzlich
an allen mit gleicher Zwanghaftigkeit. Widerlegt scheint
also die gängige Meinung, Fingernägelkauen sei vor al-

lem eine männliche Unsitte. Die Frauen stehen da den
Männern in nichts nach, wie sie ja auch beim Zigaret-
tenrauchen und Kaugummikauen stetig zu den Männern aufschließen. Vor allem unter Sängerinnen, Schau-
spielerinnen und Models soll es eine große Zahl von
Nägelkauerinnen geben; zu ihnen zählen, so heißt es,
Britney Spears, Michelle Pfeiffer, Liza Minelli, Barbra
Streisand, Faye Dunaway. Auch von Stephanie von Mo-
naco will man es wissen. Und Jackie Kennedy soll aus
diesem Grund bei Staatsempfängen Handschuhe getra-
gen haben.

Wenn Stress und Schwermut tatsächlich die Haupt-
ursachen für das Nägelkauen sind, dann verwundert es
nicht, dass die Frauen den Männern auch auf diesem
Gebiet langsam den Rang ablaufen – es wäre nur eine
weitere Folge der Emanzipation. Die Geschlechter gleichen sich immer mehr an, im Guten wie im Schlechten.
Und wer sagt eigentlich, dass Nägelkauen wirklich zu
Letzterem gehört?, fragt sich der Schreiber dieser Zeilen – und kaut genüsslich an den Nägeln.

Warum müssen wir uns kratzen, wenn's juckt?

Starker, nicht enden wollender Juckreiz kann einen schier wahnsinnig machen; man kann sich auf nichts mehr konzentrieren, möchte buchstäblich aus der juckenden Haut fahren und an die Decke gehen. Das Bedürfnis zu kratzen wird übermächtig, bis man endlich damit anfängt, auch wenn man weiß, dass Kratzen alles nur noch schlimmer macht.

Über die Empfindung des Juckens weiß die Forschung bislang nur sehr wenig zu sagen. Die zentrale Frage hierzu lautet: Wo wird ein Juckreiz im Gehirn verarbeitet? Bis vor Kurzem war man noch der Ansicht, dass Juckreize keinen anderen Weg nehmen als Schmerzreize auch. Man betrachtete den Juckreiz als eine unterschwellige Reizung der Nervenleitungen für Schmerz. Das war auch berechtigt, denn Juckreiz und Schmerz haben in der Tat einiges gemeinsam. So können beide zum Beispiel durch mechanische oder chemische Reize ausgelöst werden. Beide nehmen ab einer bestimmten Intensität die Aufmerksamkeit des Betroffenen fast völlig in Anspruch; beide werden dann als unangenehm, im schlimmsten Fall als unerträglich empfunden. Die Vermutung, dass Juckreize über die gleichen Nervenbahnen wie Schmerzreize zum Gehirn gelangen, wurde durch die Beobachtung gestützt, dass ein zunehmender Schmerz einen gleichzeitig vorhandenen Juckreiz überdecken kann.

Doch die These von den gemeinsamen Nervenleitungen für Schmerz und Jucken wurden 1996 von einem

Erlanger Wissenschaftler widerlegt. Dieser konnte in der menschlichen Haut Nervenfasern nachweisen, die ausschließlich der Übermittlung von Juckreizen dienen. Diese »Jucknerven« hatte man deshalb so lange übersehen, weil sie, im Gegensatz zu den »Schmerznerven«, auf elektrische Stimulation nicht reagieren. Sie reagieren ausschließlich auf chemische Reizung.

Bei der Erforschung der Nerven hatten die Forscher immer nur auf elektrische Reizung gesetzt, auf die die Schmerzfasern ansprechen. Nachdem man die »Jucknerven« entdeckt hatte, gelang es amerikanischen Forschern, den Weg des Juckreizleitungssystems bis ins Rückenmark zu verfolgen. Damit ein Mensch aber einen Juckreiz empfindet, muss der Reiz ins Bewusstsein, also ins Gehirn vordringen. Nur so kann die Reizmeldung, die von der Haut kommt, zu der Wahrnehmung »Es juckt an dieser Stelle« verarbeitet werden.

Wo genau, so fragten sich die Forscher, sitzt im Hirn die Empfangsstelle für Juck-Information? Man fand heraus, dass an der Verarbeitung eines Juckreizes gleich mehrere Hirnareale beteiligt sind – und das war eigentlich auch nicht anders zu erwarten. Denn bei anderen Sinneswahrnehmungen ist es genauso. Die Wahrnehmung des Juckreizes im Hirn findet also auf unterschiedlichen Ebenen statt; ein Juckreiz besteht somit aus verschiedenen Dimensionen. Interessant ist auch, dass »Jucknerven« ihre Erregung wesentlich langsamer zum Gehirn leiten als »Schmerznerven«, nämlich pro Sekunde nur 50 Zentimeter weit. Der Schmerzreiz hingegen ist zwanzigmal schneller unterwegs.

Die Vieldimensionalität der Juckwahrnehmung
rührt davon, dass das Gehirn bei der Wahrnehmung
»Es juckt« sofort einen Plan zum Kratzen erstellt. Gleichzeitig wird die Wahrnehmung auch mit Gefühlen verknüpft und es wird nach dem Grund für das Jucken
gesucht. Für jede dieser Hirnaktivitäten sind andere
Areale im Hirn zuständig. Beim Schmerz ist es ganz
ähnlich, allerdings fehlt dort die Kratzmechanik. Diese
scheint offensichtlich in den Juckreiz fest eingebaut zu
sein. Offen ist noch die Frage, wieso ein leichter Juckreiz
durch Kratzen verschwindet, während ein starkes Jucken durch Kratzen verschlimmert wird. In diesem Fall
schaltet sich die Vernunft ein und versucht den Kratz-
impuls zu unterdrücken – meist ohne Erfolg. Wenn der
Juckreiz zu stark wird, kratzt man wider alle Vernunft.
Man kann nicht anders.

Warum lacht der Mensch?

Der Mensch ist das einzige Lebewesen, das lachen kann. Man spricht zwar vom »Lachen« der Hyänen, aber das ist nicht mehr als eine Art Heulen, das sich entfernt wie menschliches Lachen anhört. Für Lachmöwen gilt das Gleiche.

Lachen ist eine Form der Mitteilung; es gewinnt seinen Sinn nur im sozialen Miteinander. Zwar kommt es vor, dass wir auch alleine loslachen müssen, aber das ist doch eher selten, und wir spüren dabei selbst, dass diesem einsamen Lachen etwas Entscheidendes fehlt: das Ziel, der Adressat, wenn man so will.

Am besten lacht es sich in der Gruppe, wobei das Lachen hier einen sich selbst verstärkenden Effekt hat. Das Lachen ist nicht nur ansteckend, sondern es schaukelt sich an sich selber hoch.

Aber was soll dieses Ausstoßen kräftiger, sich wiederholender Laute bei gleichzeitigem Schneiden von Grimassen bis hin zu unkontrollierten Körperzuckungen, Schenkelklopfen, Bauchhalten, ja buchstäblich bis zum Umfallen? Lachen, so scheint es, verbindet jene, die miteinander lachen. Das erklärt auch, warum Lachen ansteckend wirkt: Der Wert dieses Signals erhöht sich, wenn es sich in der Gruppe ausbreitet. Der Zusammenhalt der Gruppe ist umso größer, je mehr Mitglieder lachen. Wer nicht mitlacht, wird als störend empfunden. Mit dem Lachen wird dem anderen etwas mitgeteilt. Aber was? Die »Falsche-Alarm-Theorie« besagt, dass mit dem Lachen den anderen mitgeteilt wird, dass ein

Ereignis – es kann auch ein erzähltes Ereignis sein –
nicht ernst zu nehmen, also harmlos sei. Das Lachen
bedeutet »Entwarnung«. Man lacht, wenn sich beispielsweise eine bedrohlich scheinende Situation als ungefährlich erweist. Darum sind Fernsehsendungen so er-
folgreich, in denen zufällig gefilmte Missgeschicke von
Menschen gezeigt werden. Die gezeigten Situationen
sehen für Momente schlimm aus, doch die Erkenntnis,
dass sie harmlos ausgehen, weckt den Lachreiz. So ließe
sich auch die Lachwirkung erklären, die ein Charly
Chaplin oder Buster Keaton mit ihren Slapsticks erziel-
ten. Nichts wirkt komischer als wenn einem anderen
ein Missgeschick passiert, bei dem sofort Entwarnung
gegeben werden kann, weil es glimpflich ausgeht. Das
Lachen teilt den anderen mit, dass niemand zu Hilfe
kommen muss.

Das wäre freilich nur eine evolutionsgeschichtliche
Erklärung für das Lachen: ein Mittel, um den Zusammenhalt in der Gruppe zu stärken. Das sagt aber noch
nichts darüber aus, wieso wir über einen Witz oder eine
humorvolle Bemerkung lachen. Allerdings liegt die Vermutung nahe, dass auch die menschliche Fähigkeit zu
Witz und Humor im weitesten Sinn mit Entwarnung
bei »falschem Alarm« zu tun hat. So ist es bestimmt kein
Zufall, dass auffallend viele Witze mit beunruhigenden
Aspekten der menschlichen Existenz zu tun haben, mit
Unglück und Tod. Und dann natürlich mit Sexualität,
die freilich auch beunruhigen und verunsichern kann.
Witze, so könnte man sagen, sind Versuche, Bedroh-
liches und Irritierendes zu verharmlosen. Die Angst und

die Verunsicherung werden aufgelöst, indem der »Falscher-Alarm-Mechanismus« des Lachens ausgelöst wird. Dazu passt auch die Beobachtung von Menschen, die in einer Stresssituation in nervöses Lachen und Kichern verfallen. Das Lachen, das stammesgeschichtlich der Beruhigung der Sippe diente, wird dabei zur Selbstberuhigung verwendet. Humor wäre demnach nichts anderes als eine kreative und spielerische Weiterentwicklung der ursprünglichen Sippenberuhigung.

Die Vermutung, dass sich im Lachen auch etwas Aggressives verberge, passt zum bisher Gesagten. Denn im Lachen blecken wir die Zähne. Bei den Menschenaffen ist das Zeigen der scharfen Eckzähne eine Drohgebärde, die bei Begegnung mit einem Unbekannten eingesetzt wird. Denn jeder Fremde könnte ein Feind sein. Wird aber die freundliche Gesinnung des Gegenüber erkannt, kann »Entwarnung« gegeben werden: Die Drohgrimasse wird auf halbem Weg abgebrochen, wobei eine Art Lächeln im Gesicht entsteht. Davon hat sich bis heute das Begrüßungslächeln bei Menschen bewahrt, mit dem wir dem anderen mitteilen: Ich weiß, dass du mir nichts Böses willst, und umgekehrt gilt das Gleiche für mich. Auch hier also wieder das Grundschema von Bedrohung und Entwarnung.

Der indische Hirnforscher Vilayanur S. Ramachandran bezeichnet das Lachen als eine »abgebrochene Orientierungsreaktion«. Der Forscher gehört zu einer Reihe von Kollegen, die versuchen, jene Mechanismen im Hirn herauszufinden, die dem Lachen zugrunde liegen könnten. Dokumentierte Fälle von krankhaftem Lachen be-

stärken die Wissenschaftler in der Vermutung, dass es
einen eigenen Lachschaltkreis im Gehirn geben könnte.
Dieser liegt vermutlich im sogenannten limbischen System unseres Gehirns, das vor allem für unsere Gefühls-
regungen verantwortlich ist, und hat seine Zielgebiete
in den Stirnlappen, die den physischen Akt des Lachens
steuern. Das limbische System ist aber nicht nur für unsere Gefühle verantwortlich, sondern auch für unsere
Orientierungsreaktionen bei Gefahr oder Alarm. Deshalb muss es nicht verwundern, dass das limbische System auch beim Lachen beteiligt ist, diesem plötzlichen
Abbruch einer Orientierungsreaktion in dem Augenblick, da eine Bedrohung oder ein Alarm als Scheinbe-
drohung oder falscher Alarm erkannt wird. Bei Schä-
digung des limbischen Systems kann es zu krankhaftem,
hemmungslosem Lachen kommen, ebenso bei direkter
elektrischer Reizung dieses Gehirnbereichs.

Lachen ist uns also von der Natur – im Verlauf der
Evolution – als Verhaltensmerkmal genetisch einprogrammiert worden. Etwas, das derart befreiend wirkt,
beruht selbst auf einem ziemlich starren Mechanismus
zwischen den Nervenzellen eines bestimmten Gehirn-
areals. Eine Hyäne hat diesen »Lachschaltkreis« nicht,
weshalb sie, wie gesagt, nicht wirklich lacht, wenn sie
lacht.

Warum können wir uns nicht selber kitzeln?

Es heißt, dass eine englische Hirnforscherin im Jahr 2000 das uralte Rätsel, warum man sich selber nicht kitzeln kann, gelöst habe. Das ändert natürlich nichts daran, dass wir uns auch in Zukunft nicht selber werden kitzeln können. Das macht aber nichts. Einen anderen zu kitzeln, macht sowieso mehr Spaß.

Nach Erkenntnissen der englischen Forscherin verhindert eine Art Filtermechanismus im Gehirn die Wahrnehmung selbstverursachten Kitzelns. Wenn die Testpersonen von einer anderen Person gekitzelt wurden, erhöhte sich die Aktivität in bestimmten Arealen des Großhirns, nämlich jenen, die Berührungen wahrnehmen und angenehme Gefühle vermitteln. Wenn sich die Testpersonen jedoch selber zu kitzeln versuchten, schaltete sich das sogenannte Kleinhirn ein und blockierte die Aktivität in den »Berührungsarealen« des Großhirns. Das Kleinhirn ist also in diesem Fall ein echter Spaßverderber. Bevor das Großhirn auf die Berührungen reagieren kann und sie als Kitzeln wahrnimmt, sendet das Kleinhirn das Signal ans Großhirn: »Achtung, Achtung, die in Kürze eingehenden Sinnesreize haben nichts zu bedeuten und sind deshalb zu ignorieren!« Diese Mitteilung macht das Kleinhirn freilich nicht mittels Lautsprecher, sondern durch feine elektrische Impulse einer ganz bestimmten Frequenz. Das Kleinhirn erkennt gewissermaßen im Voraus, dass das beabsichtigte Kitzeln kein »echtes« ist.

Aber was hat das Kleinhirn eigentlich dagegen, dass der Mensch sich selber kitzelt? Zu dieser Frage gibt es vorerst nur Vermutungen. Es sei für das Gehirn wichtig, in der Flut von äußeren Reizen, die in jeder Sekunde auf es einströmen, die wirklich wichtigen von den belanglosen zu trennen. Das Kitzeln durch einen anderen habe dabei für das Gehirn offensichtlich einen höheren Wert als das Selbstkitzeln. Aber wieso? Diese Frage ist vorerst noch offen. Allerdings, so vermuten einige Hirnforscher, könnte das Kitzeln, das ja stets mit Lachen einhergeht, ähnliche Ursachen haben wie Witz und Humor. Ein Witz oder eine humorvolle Bemerkung funktioniert ja grundsätzlich so, dass der Zuhörer in seiner Erwartung enttäuscht wird durch eine plötzliche Wendung, die die Deutung der bisher gelieferten Geschichte vollständig auf den Kopf stellt. Die Kunst des Witze-Erzählens besteht ja darin, den Zuhörer in eine bestimmte Richtung zu locken, gewissermaßen auf eine falsche Fährte. Dadurch wird langsam eine Spannung aufgebaut, die durch die plötzliche Wendung aufgelöst wird. Beim Kitzeln wird ebenfalls eine Spannung aufgebaut, die sich unter anderem auch durch eine körperliche Anspannung und Verkrampfung ausdrückt. Meist muss man schon lachen, bevor einen die Hand des anderen auch nur berührt. Die kurzzeitige Spannung entsteht dadurch, dass sich eine fremde Hand auf einen zu bewegt, was vom Gehirn zuerst mal als potenzielle Gefährdung, als Angriff gedeutet wird. Das Lachen drückt dann gewissermaßen eine Entwarnung aus. Das würde erklären, wieso das Sich-selber-Kitzeln nicht funktioniert: weil ich ja immer selbst schon weiß, was ich vorhabe, also kein Entwarnungslachen nötig ist. Es baut sich deshalb erst gar keine Spannung auf. Das Grundschema des Kitzelns lautet: »Wirkt bedrohlich, ist aber harmlos.«

Warum liegt uns manchmal ein Wort
auf der Zunge und will nicht heraus?

Wer kennt das nicht! Man kann sich an einen bestimmten Begriff oder Namen nicht mehr erinnern, spürt aber gleichzeitig, dass er nicht völlig ins Vergessen abgesunken ist. Vielmehr liegt er gleichsam auf der Schwelle zum Erinnern, irgendwo in diesem nebulösen Zwischenreich von Wissen und Vergessen. Er liegt einem auf der Zunge, wie man sagt, aber man kriegt ihn von dort nicht runter. Das kann richtig unangenehm werden, eine Gedankenquälerei.

Solche Es-liegt-mir-auf-der-Zunge-Erlebnisse haben amerikanische Wissenschaftler unlängst genauer untersucht. Es stellte sich heraus, dass das menschliche Gehirn den Wortschatz nicht nur nach der Bedeutung der einzelnen Wörter organisiert, sondern auch nach ihrem Klang. Auf der Suche nach einem bestimmten Wort »durchforstet« das Gehirn sowohl die »Bedeutungsschublade« als auch die »Schubladen« mit ähnlich klingenden Wörtern. Dabei kommt das Gehirn immer dann ins Schleudern, wenn die Verbindungen zwischen den bedeutungsähnlichen und den klangähnlichen Wörtern in den »Schubläden« zu schwach sind, weil sie zu selten benützt werden. Dann stellt sich das Wort nicht automatisch ein, sondern bleibt auf der Zunge liegen.

Manchmal stellt sich das gesuchte Wort nach einer Weile dann doch ein, manchmal kann es aber auch lange auf der Zunge liegen bleiben. In diesem Fall löst sich die Blockade meist in dem Moment, da wir ein

Wort mit ähnlichem Klang in unserer Umgebung hören. Dann kann das Gehirn plötzlich die Verbindung zwischen »Klang-« und »Bedeutungsschublade« herstellen.

Die Wissenschaftler befragten für ihre Untersuchung die Teilnehmer nach Wörtern, die ihnen häufig Schwierigkeiten bereiten. Zum Beispiel fragten sie nach dem Wort, mit dem der formelle Verzicht eines Königs auf den Thron bezeichnet wird. Die Gefragten, denen es nicht auf Anhieb einfiel, kamen schneller auf das gesuchte Wort »abdanken«, wenn sie aus der »Klangschublade« ein ähnlich klingendes zu hören bekamen. Die Ähnlichkeit musste dabei nur in der Anfangssilbe »ab-« bestehen. Das reichte aus, damit der Groschen fiel. Manchmal genügt auch schon der Anfangsbuchstabe, um das Wort von der Zunge zu bekommen. Deshalb ist es oft hilfreich, sich bei der Suche nach einem »Zungenlieger« langsam das Alphabet vorzusagen. Beim Klang des gleichen Anfangsbuchstabens rastet dann die Verbindung zur »Bedeutungsschublade« ein und das gesuchte Wort kann dort »entnommen« werden.

Vom Träumen und Sterben – und anderen Endlichkeiten

Warum sind Babys die besten Wissenschaftler?

B abys sind die besten Lerner der Welt; sie sind kleine
Wissenschaftler. Wie jeder echte Forscher, so sind
auch Babys von Neugier getrieben, und zwar von einer
unermüdlichen Neugier. Babys wollen, wie alle Wissenschaftler, nichts anderes, als die Welt ergründen, ihre
Rätsel lösen, verstehen, was um sie her ist und vor sich
geht.

Zu diesem Zweck hat die Natur dem Neugeborenen
eine Reihe von Starthilfen mitgegeben, ererbte Fähigkeiten, die es nicht erst zu erlernen braucht. Diese
Fähigkeiten sind genetisch festgeschrieben, etwa die Fähigkeit zur Nachahmung. So haben Hirnforscher unlängst sogenannte Spiegelneuronen entdeckt. Sie gelten
als biologische Angelpunkte der menschlichen Fähigkeit
zur Nachahmung. Man entdeckte sie zunächst in der
Großhirnrinde von Affen. Diese Spiegelneuronen, also
besondere Nervenzellen, bilden wahrscheinlich die
Basis für die Fähigkeit, sich in andere Wesen hineinzuversetzen und ihre Ziele zu erahnen. Darüber hinaus
könnte auch die Fähigkeit zur Nachahmung hierin ihre
biologische Grundlage haben. Im Tierreich kommt die
Fähigkeit zur Nachahmung ziemlich selten vor, im Gegensatz zu anderen Formen des Lernens, etwa jene
durch Versuch und Irrtum. Menschen aber – und eben
auch schon Babys – sind Meister der Imitation. Dazu
passt auch die Tatsache, dass die Spiegelneuronen beim
Menschen eng mit dem sogenannten Broca-Areal verknüpft sind, das für die Sprachproduktion zuständig ist.

So hat man zum Beispiel auch festgestellt, dass Babys von taubstummen Eltern sehr rasch die Gebärdensprache der Eltern nachahmen, also die Struktur der Gebärdensprache verstehen, freilich noch nicht die Inhalte.

Das pausenlose Imitieren von Babys ist also mehr als nur Spaß. Mit dieser Fähigkeit vermögen sie ein Grundproblem des menschlichen Daseins zu lösen, das Problem des sogenannten Fremdseelischen. Darunter versteht man die Fähigkeit, den anderen als »einen wie ich selbst« zu erkennen. Als Frage formuliert: Woher weiß ein Kleinkind, dass sein Gegenüber ein Wesen wie es selbst ist, also ein Wesen mit Bewusstsein, das zu Gefühlen und Gedanken fähig ist? Es weiß es durch Nachahmung: Wenn ich das mache, was er macht – und umgekehrt –, müssen wir beide wesensgleich sein. Das führt natürlich anfangs dazu, dass sich kleine Kinder auch Tieren wesensverwandt fühlen, indem sie auch, ja bevorzugt, Tiere nachahmen. Aber diese Verwandtschaft zum Tier, die das kleine Kind sofort erfasst, ist wissenschaftlich durchaus begründet. Die Biologie beweist ja unsere enge Verwandtschaft zu den Tieren. Biologisch ist der Mensch ein Säugetier.

Freilich würde die angeborene Fähigkeit zur Nachahmung dem Kleinkind wenig nützen, hätte die Natur ihm nicht die Erwachsenen als Lehrer zur Seite gestellt. Die verfallen nämlich beim Anblick eines Babys ganz automatisch in Sprech- und Verhaltensweisen, die seinem Lern-, das heißt Nachahmungsbedürfnis entsprechen. Mit den Augen zwinkern, lächeln, lachen, glucksen, brabbeln, sinnlose Silben sprechen – das alles zusammen mit Mama oder Papa – lehrt das Baby, dass sein Gegenüber ein Lebewesen ist und kein Ding. Und das Baby lernt Kommunikation, also das Miteinandersprechen. Auch hier bietet die Natur Starthilfen an: Kleinkinder sind praktisch von Geburt an in der Lage, die Grundregeln der Sprache zu erkennen – und mit Sprache ist die menschliche Sprache schlechthin, nicht irgendeine spezielle Sprache gemeint. Schon sieben Monate alte Babys verstehen ganz von selbst, also ohne es erlernen zu müssen, den Mechanismus der Satzbildung, obwohl sie die einzelnen Wörter nicht unterscheiden können. Sie verstehen gewissermaßen die Form, aber nicht den Inhalt.

Das Gehirn eines Neugeborenen ist so gebaut, dass es abstrakte Sprachregeln innerhalb weniger Minuten im Gehörten erkennen kann. Babys können also zum Beispiel erkennen, dass die Lautfolge »ga-ti-ga« die gleiche Struktur hat wie die Lautfolge »wo-fe-wo«. Genauso stellen sie einen Zusammenhang zwischen »ga-ti-ti« und »wo-fe-fe« her. Das alles und noch viel mehr lernen Babys Schritt für Schritt mit ständig wachem, beobachtendem, forschendem Geist.

Zeigt man sechs Monate alten Babys einen interessanten Gegenstand und versteckt ihn dann unter einem Tuch, reagieren sie verwirrt. Sie scheinen zu glauben, der Gegenstand habe sich in Luft aufgelöst. Ihre Verwirrung aber zeigt, dass sie schon wissen, dass diese Welt so konstruiert ist, dass sich kein Ding in ihr in nichts auflösen kann – eine Grunderkenntnis der Physik: Von nichts kommt nichts, und etwas kann nicht zu

nichts werden. Schon drei Monate später ziehen die kleinen Kinder das Tuch beiseite und holen sich den ver-
steckten Gegenstand. Damit aber hat sich nicht nur die
Sicht des Kleinkinds auf einzelne Gegenstände verändert, sondern auf die Welt schlechthin. Die Kinder
schaffen sich selber Wissen; sie sind Wissenschaftler.

Wenn kleine Kinder auf diese Weise die Welt entde-
cken, stellen sie stets auch Vermutungen an – vergleichbar mit den Hypothesen von Wissenschaftlern –, testen
und korrigieren sie. Sie bewegen sich ständig experi-
mentierend in der Welt, führen regelrechte Forschungs-
programme durch. Dabei sind sie nicht nur als Natur-
forscher und Naturwissenschaftler tätig, sondern ebenso
als Geisteswissenschaftler. So besteht eines der größten
Probleme, das ein Kleinkind zu lösen hat, darin, zu begreifen, dass andere Menschen anders sind, dass sie andere Bedürfnisse, Meinungen und Ansichten haben
können als es selbst. Babys treten mit dem Urvertrauen
ins Leben, dass es nur eine einzige Sicht auf die Welt
gibt, nämlich ihre eigene. Die Vorstellung, dass ein anderer rohes Gemüse lieber mag als Gummibärchen, will
nicht in ihren Kopf. Sie wollen es nicht glauben und
deshalb prüfen sie diese schwierige Erkenntnis beharr-
lich und systematisch auf ihren Wahrheitsgehalt. Da
sind die Kinder etwa zwei Jahre alt – ein von allen Eltern
gefürchtetes Lebensjahr. Mit Vorliebe werden Verbote
auf ihren »Wahrheitsgehalt« überprüft. Das bedeutet
freilich nicht, dass der Sinn des Verbots ergründet wird,
sondern die Kinder wollen wissen, welche Folgen die
Übertretung des Verbots hat. Das Verbotene interessiert

sie dabei gar nicht, sondern erforscht werden sollen die
Reaktionen der Eltern. Wie besessene und dabei eng-
stirnige Wissenschaftler setzen sie die Zuneigung der
Eltern um der Wahrheit willen aufs Spiel. So nervtötend
diese Entwicklungsphase der kleinen Forscher für die
Eltern auch sein mag – sie ist wichtig für die Entwicklung vom kindlichen Egoisten zum sozialen, mitfühlen-
den Menschen.

Mitgefühl setzt die Einsicht voraus, dass es dem anderen anders gehen kann als mir, dass ihn nervt, was
mir Spaß macht, dass ihn langweilt, was mich interessiert, und umgekehrt. So befindet sich das Kind von
Geburt an als tätiges, forschendes Wesen in einer Art
Forschungslabor mit zahllosen, ständig wechselnden
Versuchsanordnungen. Von Anfang an besitzen Kinder
das geistige Werkzeug, um Versuche auszuführen und
die Ergebnisse zu analysieren. Umso unverständlicher
ist deshalb die Tatsache, dass Kinder mit dem Eintritt
in die Schule die Lust auf Lernen und Forschen meist
schlagartig verlieren. Für echte Wissenschaftler, die
Kinder von Natur aus sind, bietet die Schule offenbar
zu wenig geistigen Anreiz. Schule müsste im Grunde
nichts anderes tun, als Freiräume zu schaffen für eigen-
ständiges autodidaktisches Lernen. Denn dazu sind
Kinder von Geburt an in der Lage.

Warum trauen wir unseren Augen mehr als unseren Ohren?

Das Sehen ist unbestritten der König unter den fünf Sinnen. Die Augen sind unsere wichtigsten Sinnesorgane. Wenn Kinder einander fragen, was sie schlimmer fänden, zu erblinden oder taub zu werden, so fällt die Antwort immer gleich aus: Lieber taub sein. Immerhin hätte das noch den Vorteil, dass man nicht mehr vollgequasselt werden kann. Und vom Lärm, den die moderne Welt überall produziert, bliebe man auch verschont. Das Wichtige kann man bei einiger Übung dem anderen ohnehin von den Lippen ablesen. Aber erblinden? Schrecklich! Warum?

Weil der Mensch seine Umwelt in erster Linie optisch wahrnimmt. Das Wort »wahrnehmen«, also etwas für wahr nehmen, deutet schon an, dass wir unseren Augen vollkommen vertrauen. Was wir sehen, ist auch wirklich da; was wir nicht sehen, existiert für uns nicht.

Bei Stimmen und Geräuschen verhält es sich da ein bisschen anders. Oft sind wir uns nicht sicher, ob das soeben Gehörte wirklich oder nur eingebildet war. Nicht selten fragen wir: »Hast du was gesagt?« Und der andere sagt: »Nein, wieso?« Oder wir fragen: »Hast du das eben gehört?« Und der andere fragt zurück: »Was gehört?« Also trauen wir grundsätzlich unseren Augen mehr als unseren Ohren. Das Gehör kann uns leichter einen Streich spielen als das Auge – denken wir.

Doch Wissenschaftler haben herausgefunden, dass dieses Urvertrauen in den Wahrheitsgehalt des Gesehe-

nen nicht gerechtfertigt ist, auch wenn die Augen vollkommen in Ordnung sind. Der Grund liegt darin, dass
wir mit den Augen zwar sehen, aber das Gesehene vom
Gehirn erst noch wahrgenommen, also zu einem Bild
zusammengesetzt werden muss. Das Bild von der Wirklichkeit entsteht nicht in den Augen, sondern in jenem
Bereich des Hirns, das vorrangig für das Sehen zuständig ist. Und hier liegt auch der Haken. Denn unser Gehirn ist ein ausgefuchster Täuschungskünstler.

Wenn wir uns in der Welt bewegen und erst recht,
wenn wir in einem abgeschlossenen Raum still dasitzen,
sind wir uns insgeheim sicher, alles in unserem Blickfeld
auch ständig im Blick zu haben. Eine trügerische Sicherheit.

Bei den Geräuschen ist es anders: Da wissen wir, dass
wir nicht ständig alle Geräusche wahrnehmen, vor allem nicht jene, die mit immer gleicher Monotonie an
unser Ohr dringen; das Ohr registriert sie, aber das Gehirn nimmt sie nicht wahr, filtert sie gleichsam aus. Das
kann so weit gehen, dass wir einer Orchesteraufführung
beiwohnen, aber zeitweise mit irgendwelchen Gedanken
so sehr beschäftigt sind, dass wir nichts mehr hören.
Wir werden buchstäblich taub vor Unaufmerksamkeit.

Dass es beim Sehen aber gar nicht viel anders ist, will
uns so recht nicht einleuchten – eben weil wir das Sehen
weit über das Hören stellen. Doch auch beim Sehen trifft
das Gehirn stets eine Auswahl aus der unendlichen Fülle
der objektiv vorhandenen Eindrücke. Vor Unaufmerksamkeit können wir regelrecht erblinden. Das Hirn ar-
beitet auf allen Sinnesebenen selektiv; andernfalls wür-

den wir an der Fülle der Sinnesreize verrückt werden. Das Meiste, was uns in einem Moment an Seh-, Hör-, Fühl-, Riech- und Schmeckreizen umgibt, nehmen wir nicht wahr. Wir registrieren stets nur einen winzigen Ausschnitt der Wirklichkeit.

Heiner Deubler, Psychologe an der Uni München, hat dieses Phänomen eingehender untersucht. Ein typischer Versuch ist etwa dieser: Eine beliebige Testperson wird auf der Straße von einem Wissenschaftler nach dem Weg gefragt. Während die Testperson nun zu grübeln anfängt und im Stadtplan, den man ihr gibt, zu suchen beginnt, drängen sich zwischen sie und den Fragesteller zwei Arbeiter, die eine große Tür tragen. In diesem Moment wird der ursprüngliche Fragesteller durch einen anderen ausgetauscht, der ihm weder im Aussehen noch in der Kleidung ähnelt. Erstaunlicherweise bemerkt etwa die Hälfte der Testpersonen die Auswechslung des Fragestellers nicht; sie erklären dem zweiten wie selbstverständlich den Weg. Der Grund? Jene Bereiche des Hirns, die visuelle Reize verarbeiten, wählen aus zahllosen eintreffenden Details stets nur einige wenige aus. So hat die Testperson auf der Straße am Fragesteller vielleicht nur die blonden Haare oder die rechte Hand wahrgenommen. Wenn nun die Austauschperson zufällig auch blond ist und ähnlich geformte Hände hat, wird der Personentausch nicht bemerkt.

Der Mensch ist aber von der Intensität und Genauigkeit seiner visuellen Wahrnehmung der Welt so sehr überzeugt, dass er meint, stets ein vollständiges Bild seiner Umgebung zu sehen. Tatsächlich sehen wir be-

wusst immer nur ganz wenige Einzelheiten, wobei man
kaum sagen kann, wieso gerade diese und keine anderen. Im Grunde sehen wir also kaum etwas von dem,
was uns gerade umgibt. Wir nehmen nicht die Welt
wahr, sondern nur eine persönliche Illusion der Welt.

Zu allem Übel unterstützen die Augen auch noch die
reduzierte Wahrnehmung im Gehirn, zum Beispiel
durch das ständige Blinzeln. Hinzu kommen unwill-
kürliche Blickbewegungen, nämlich drei bis vier pro
Sekunde, von denen jede etwa 100 Millisekunden dauert. Diese verhindern, dass unsere Augen eindeutige
Reize aufnehmen.

Alles in allem ist unser Sehen durch diese Störungen
regelrecht blockiert. »Mindestens ein Viertel unserer
wachen Zeit sind wir blind«, meint Heiner Deubler.
Streng genommen lebt also jeder Mensch in seiner
eigenen Welt, einer Ausschnittswelt, die sich mit der
seines Nachbarn nur teilweise deckt. Wir sind Illusio-
nisten. Wir täuschen uns über die Wirklichkeit mit
einem billigen Trick: In dem Augenblick, da uns irgendetwas in unserer Umgebung interessiert, schauen wir
kurz hin, nicht bewusst, sondern ganz unwillkürlich.
Und das erzeugt in uns die Illusion, wir würden in jedem Moment alle Details unserer sichtbaren Umgebung
registrieren. Doch unser Gehirn könnte das gar nicht
leisten – will es nicht leisten. Es könnte seine wirklich
wichtigen Aufgaben so gar nicht erfüllen, weil es ständig
mit lauter Unwichtigem beschäftigt wäre. Das hat natürlich auch seine Nachteile: Wir nehmen Veränderungen in unserer Umgebung nur dann wahr, wenn wir

gerade zufällig unsere Aufmerksamkeit darauf richten. Aber das ist nicht immer der Fall. So kann es beim Autofahren passieren, dass wir den Wechsel der Ampel von Grün auf Rot zwar »sehen«, aber nicht wahrnehmen, weil unsere Aufmerksamkeit gerade einem Gedanken gehört, dem wir nachhängen, oder der interessanten Erzählung des Beifahrers. Wenn wir also auf einen Gegenstand schauen, etwa auf die grüne Ampel, ohne unsere Aufmerksamkeit darauf gerichtet zu haben, kann dieser sich verändern – von Grün auf Rot schalten –, ohne dass wir es merken. Wir schauen ohne zu sehen.

So kennt auch jeder dieses abwesende Vor-sich-hin-Glotzen. Die Augen sind geöffnet, starren aber buchstäblich ins Nichts. In die Welt zu schauen bedeutet also noch lange nicht, dass wir auch etwas sehen. Aber schon der antike Philosoph Plato wusste, dass wir nur schwache Abbilder von »Ideen« sehen, wenn wir meinen, die Wirklichkeit wahrzunehmen.

Warum erkältet man sich im
Winter öfter als im Sommer?

So unsinnig es sich auch anhören mag – mit der Kälte des Winters haben Erkältungen gar nichts oder nur indirekt etwas zu tun. Erkältungen werden grundsätzlich durch Erkältungsviren ausgelöst. Diese können sich im Winter schneller unter den Menschen ausbreiten, weil diese sich in der kalten Jahreszeit mehr in geschlossenen Räumen aufhalten, die meist auch schlechter gelüftet werden als während der warmen Jahreszeit. Hinzu kommt, dass im Winter wegen des allgemeinen Lichtmangels die Abwehrkräfte des Menschen schwächer sind.

Dem widerspricht natürlich die Erfahrung von uns allen, dass man sich im Winter unterkühlt hat und am nächsten Tag auch schon mit einer Erkältung herumläuft oder sogar mit Fieber im Bett liegt. So gewinnt man den Eindruck, Erkältungen würden durch Unterkühlung hervorgerufen. Meist aber ist die Unterkühlung bereits ein erstes leises Symptom dafür, dass man sich mit Erkältungsviren angesteckt hat. Das Frieren, also das Gefühl der Unterkühlung, ist meist das erste Zeichen von leichtem Fieber. Unterkühlung ist also nicht die Ursache, sondern die Folge einer Erkältung.

So weiß man zum Beispiel, dass Antarktisforscher, die weitgehend isoliert von Menschen leben und praktisch keinen Erkältungsviren ausgesetzt sind, sich niemals eine Erkältung einfangen. Erkältungen holt man sich also nicht von der Kälte, sondern von den Menschen. Hinzu kommt, dass Erkältungsviren in der Kälte ohnehin absterben. Um gedeihen zu können, bedürfen sie warmer, schlecht gelüfteter Zimmer, in denen möglichst viele Menschen beisammen sitzen. Und genau das tut der Mensch mit Vorliebe im Winter. Der beste Schutz vor winterlicher Erkältung besteht also darin, sich viel im Freien, also in der Kälte aufzuhalten – warm angezogen, versteht sich.

Warum bekommen wir oftmals Fieber, wenn wir krank sind?

Jeder von uns kennt den Zustand der Fiebrigkeit, dieses Gefühl innerlich zu glühen. Das kann durchaus auch als angenehm empfunden werden. Von Fieber spricht der Mediziner bei Körpertemperaturen, die über 38 Grad Celsius liegen. Fieber kann die unterschiedlichsten Ursachen haben, doch in allen Fällen liegt ein krankhaft veränderter Allgemeinzustand vor.

Als häufigste Ursachen gelten örtliche oder allgemeine Infektionen, besonders Infektionskrankheiten, bei denen fiebererzeugende Stoffe das Temperaturzentrum im Gehirn beeinflussen. Bei diesen Stoffen kann es sich zum Beispiel um Gifte handeln, die in unseren Körper gelangt sind. Auslöser können aber auch Signalproteine sein, die von sogenannten Fresszellen erzeugt werden, die sich auf eingedrungene Krankheitserreger, also Bakterien oder Viren stürzen, um sie zu vernichten.

Das Zentrum für die Regelung unserer Körpertemperatur sitzt im Zwischenhirn, und zwar in jenem Teil, der Hypothalamus genannt wird. Er ist gewissermaßen die Schaltzentrale zwischen dem vegetativen Nervensystem, dem Zentralnervensystem und dem Hormonsystem. Neben der Körpertemperatur regelt der Hypothalamus auch noch den Blutzuckerspiegel, den Wasserhaushalt und steuert lebenswichtige Verhaltensweisen wie die Nahrungsaufnahme oder das Sexualverhalten. So muss es gar nicht verwundern, dass uns zuweilen auch unser Liebesverlangen in fieberähnliche

Zustände versetzen kann. Der Hypothalamus steuert also die Wärmebildung und Wärmeabgabe und damit die Körpertemperatur. Er hält sie auf dem annähernd konstanten Wert von 37 Grad Celsius. Das ist gewissermaßen der Temperatursollwert. Bei Fieber geschieht – hervorgerufen durch Gifte oder Signalproteine – eine Sollwertverstellung nach oben. Dadurch wird die Empfindlichkeit des Hypothalamus gegen Wärme herabgesetzt. Das hat zur Folge, dass jetzt die normale Temperatur als Kälte empfunden wird. Der Hypothalamus schickt daraufhin an den Körper das Signal: Stoffwechselrate erhöhen, das heißt mehr Körperwärme produzieren, gleichzeitig Wärmeabgabe über die Haut einschränken! Zittern gehört auch zu diesen Maßnahmen, denn es beschleunigt ebenfalls die Verbrennung.

So kommt es, dass der Fiebernde zu Beginn erst mal fröstelt. Gleichzeitig kommt es zu typischen Aufheizungsreaktionen: Die Haut ist blass und es bildet sich »Gänsehaut«. Durch beide Reaktionen wird die Wärmeabgabe der Haut vermindert. Der Organismus sucht so die Wärme bei sich zu halten, obwohl er ohnehin viel zu warm ist.

Die Körpertemperatur steigt so auf 40 Grad Celsius und mehr an, bis der verstellte Sollwert erreicht ist. Von da an wird die Temperatur auf diesem höheren Niveau wieder konstant gehalten. Je stärker er durch Gifte verstellt ist, desto höher ist das Fieber. Fallen die Gifte nach und nach wieder weg – etwa durch erfolgreiche körpereigene oder medikamentöse Bekämpfung der Bakterien oder Viren –, wird das Regelzentrum des Hypothalamus wieder auf tiefere Temperaturen eingestellt. Der Körper ist nun im Vergleich zum abgesenkten Sollwert viel zu warm. So entsteht ein starkes Hitzegefühl, verbunden mit typischen Wärmeabfuhrreaktionen: Rötung der Haut und Schweißabsonderung. Der Fiebernde friert jetzt nicht mehr, sondern er schwitzt.

Jetzt wüsste man natürlich gern, wozu das Fieber gut sein soll. Hierzu gibt es erstaunlicherweise noch immer keine gesicherten Erkenntnisse. Möglicherweise vermehren sich verschiedene Bakterien- und Virenarten langsamer bei Körpertemperaturen oberhalb des Normalzustands. Gleichzeitig arbeiten die weißen Blutkörperchen (Lymphocyten), die die eingedrungenen Krankheitserreger bekämpfen, am besten zwischen 38 und 40 Grad Celsius. Bei erhöhter Temperatur fällt auch der Eisengehalt im Blut; Bakterien und Viren benötigen aber Eisen, um sich vermehren zu können.

Fieber ist also eine gesunde Reaktion des erkrankten Organismus. Es ist der erste wichtige Schritt zur Gesundung. Deshalb sollte Fieber auch nicht unterdrückt werden; man würde damit dem Körper ein wichtiges Kampfmittel gegen die Krankheitserreger nehmen. Das gilt freilich nur so lange, wie das Fieber nicht in lebensbedrohliche Höhen steigt, also über 40 Grad Celsius.

Warum können uns harmlose Stoffe krank machen?

Normalerweise sind es Krankheitserreger, die uns krank machen, zum Beispiel Bakterien oder Viren, wenngleich es unter den Bakterien unzählige Arten gibt, die unserer Gesundheit dienen, etwa Darmbakterien. Diese liefern bestimmte Vitamine, helfen bei der Unterdrückung von Krankheitserregern und zersetzen einige Nahrungsbestandteile, etwa Zellulose. Im Gegensatz zu den Bakterien sind Viren für unseren Organismus stets Feinde, die es zu bekämpfen gilt. Denn Viren haben keinen eigenen Stoffwechsel, weshalb sie sich in Körperzellen von Menschen oder Tieren, aber auch in Pflanzenzellen oder Bakterien einnisten müssen, um sich überhaupt vermehren zu können. Dabei zerstören sie die befallenen Zellen.

Nun reagieren aber viele Menschen auch auf vollkommen harmlose Fremdstoffe so, als wären es Bakterien, Viren oder irgendwelche krank machenden Parasiten. Das heißt: Das Abwehrsystem des Organismus, Immunsystem genannt, wird alarmiert, typische Erkrankungszeichen (Symptome) treten auf. Man spricht von einer Allergie und meint damit einen falschen Alarm des Immunsystems.

Seit vielen Jahren erforscht man diese Fehlfunktion des Immunsystems. Dabei konzentriert man sich mehr und mehr auf die sogenannten Immunglobuline E (kurz: IgE), die bei Allergien eine zentrale Rolle zu spielen scheinen.

Diese Antikörper bildet der Organismus normalerweise nur zur Abwehr von Parasiten. Werden sie zu selten angefordert, dann neigt das Immunsystem bei manchen Menschen dazu, sie massiv gegen völlig harmlose
körperfremde Stoffe einzusetzen, die in der Luft herum-
fliegen, mit der Nahrung aufgenommen werden, oder
mit der Haut in Berührung kommen (zum Beispiel Blütenpollen, Katzenhaare oder Hausstaub).

Das IgE verbindet sich mit den eindringenden
Fremdstoffen und setzt die leidvolle Abwehrreaktion in
Gang, die dann zu den typischen Krankheitszeichen
führt: verengte Atemwege, Atemnot, Schnupfen, Juckreiz, Rötung der Haut, Fieber etc. Das sind alles vollkommen unnütze Abwehrreaktionen, denn es gibt ja im
Grunde nichts abzuwehren.

Allergien sind also die Folge eines unterbeschäftigten
Abwehrsystems; es langweilt sich in gewisser Weise und
sucht Beschäftigung an harmlosen Fremdstoffen, die es
wie Krankheitserreger bekämpft, ähnlich wie gelang-
weilte Kinder, die anfangen Blödsinn zu machen. Tatsächlich hat man schon seit Langem den Verdacht, dass
Allergien gehäuft bei Menschen auftreten, die in besonders hygienischen und parasitenarmen Umgebungen
aufwachsen, also in Familien, in denen der Putzteufel
wütet und eine zwanghafte Hygiene betrieben wird.
Freilich muss auch noch eine erbliche Veranlagung für
Allergien hinzukommen.

Die umfangreiche Studie einer Münchner Kinder-
ärztin hat diesen Verdacht eindrucksvoll bestätigt:
2600 untersuchte Kinder aus ländlichen Regionen wur-

den danach eingeteilt, ob sie sich im ersten Lebensjahr häufig in Ställen aufgehalten haben oder nicht. Dabei stellte sich heraus, dass jene Kinder, die regelmäßig Stallkontakt hatten, keine Anfälligkeit für Allergien zeigten. Als besonders vorteilhaft erwies es sich, wenn sich die Mütter der Kinder schon während der Schwangerschaft häufig in Ställen aufhielten. Das tun in der Regel nur Bauersfrauen. In der Tat sind Kinder, die auf Bauernhöfen aufwachsen, vor Allergien weitgehend geschützt. Das kindliche Immunsystem muss sich dort ständig mit Bakterien, Viren und Parasiten auseinandersetzen und hat gar keine Zeit, sich aus »Langeweile« mit harmlosen Blütenpollen herumzuschlagen. So kann man eigentlich allen Kindern und werdenden Müttern nur raten, jede Gelegenheit zu nutzen, einen Kuh- oder Schweinestall zu betreten – und Wasch- und Putzmittel sparsam zu gebrauchen. In keimfreier Umgebung aufzuwachsen, macht uns krank, so unsinnig es sich auch anhören mag. Wir brauchen die Krankheitserreger, um gesund zu bleiben. An ihnen stärkt sich unser Immunsystem und kommt nicht auf den dummen Gedanken, harmlose Stoffe zu bekämpfen.

Warum sehen Raucher meist älter aus als sie sind?

Rauchen lässt einen alt aussehen. Das ist nichts Neues – und gewiss schon jedem aufgefallen, der mit Rauchern zu tun hat. Ziemlich neu ist jedoch die wissenschaftliche Erklärung, die britische Forscher dafür gefunden haben. Sie stellten bei ihren Untersuchungen fest, dass in der Haut von Rauchern – im Gegensatz zu der von Nichtrauchern – ein bestimmtes Eiweiß (Protein) besonders gehäuft vorkommt. Dieses Protein zerstört ein anderes Protein, nämlich Kollagen, das die Aufgabe hat, das Bindegewebe der Haut elastisch zu halten. Weil in der Haut von Rauchern folglich weniger Kollagen enthalten ist, verliert sie schneller ihre Elastizität und bekommt entsprechend mehr Falten.

Rauch gefährdet also nicht nur die Gesundheit, sondern auch das gute Aussehen. Dummerweise wird diese Erkenntnis auf junge Menschen keine abschreckende Wirkung haben, denn Jugendliche wollen ohnehin älter aussehen als sie sind.

Warum träumen wir?

Manche Menschen träumen am helllichten Tag. Die nennt man dann Tagträumer. Die Tagträumerei hat auch was für sich; sie entrückt einen für Augenblicke der Ödnis und Langweile des Alltags. Die Schule vor allem ist ein idealer Ort für Tagträumereien. Da versucht sich die Fantasie gegen den geistigen Trott zu behaupten.

Die Träume der Nacht sind die großen Brüder des Tagtraums. In ihnen verbindet sich die Fantasie mit dem Fantastischen. Die Träume der Nacht sind eine andere Welt. Mit dem Schlaf treten wir in sie ein. Wenn man bedenkt, dass wir ein Drittel unseres Lebens verschlafen, gewinnt diese andere Wirklichkeit doch eine große Bedeutung; sie strahlt ohnehin ins Wachsein hinein. Schlechte Träume können uns tagelang bedrücken, schöne Träume so recht beflügeln.

Doch wir träumen nicht während der ganzen Schlafenszeit, sondern meist in drei bis sechs Phasen von jeweils 5 bis 40 Minuten Dauer. Während der übrigen Zeit des Schlafs sind wir gleichsam bewusstlos. Dann hat der Schlaf tatsächlich etwas von einem kleinen Tod. Man nennt diese Traumphasen auch die REM-Phasen des Schlafs (von engl.: »rapid eye movements«), in denen die Augen unter den geschlossenen Lidern salvenartige rasche Bewegungen ausführen. Allerdings kommen Träume gelegentlich auch außerhalb der REM-Phasen vor.

Während der Traumphasen sind wir nur schwer zu wecken. Weckreize, zum Beispiel das Klingeln des Weckers, werden oft in den Traum mit eingebaut und bleiben so eine Zeit lang wirkungslos. Manchmal aber flüchten wir ganz von selbst aus einem Traum und wachen auf, schweißgebadet und verstört; wir hatten einen Albtraum.

Alle Menschen träumen. Auch wenn wir uns beim Aufwachen an keinen Traum mehr erinnern können, ist dennoch sicher, dass wir geträumt haben. Man weiß sogar, dass auch höher entwickelte Tiere träumen. Wovon sie träumen, wissen wir leider nicht, denn sie können uns davon ja nichts erzählen. Katzen, so ist zu vermuten, träumen mit Vorliebe von Mäusen und Ratten, Hunde wahrscheinlich von riesigen Kalbsknochen.

Dass wir uns an die meisten Träume beim Aufwachen schon nicht mehr erinnern, könnte ein Hinweis darauf sein, welchen Zweck die Träume erfüllen: Was wir an unangenehmen, beunruhigenden Erlebnissen aus unserem Bewusstsein verdrängen (zensieren), kehrt in oftmals verschlüsselten Träumen zurück. Das hat vor hundert Jahren Sigmund Freud herausgefunden. Hinzu kommen sogenannte Tagreste. Darunter versteht man Gedanken und Vorstellungen, die mit den Erlebnissen des vergangenen Tags zu tun haben. Dabei hat man herausgefunden, dass auch nur unvollständig aufgenommene Informationsreize im Traum vervollständigt, gewissermaßen nachentwickelt werden. So beinhalten etwa 50 Prozent aller Träume Auszüge aus dem Vortag. Wozu das gut sein soll, kann die Traumforschung noch immer nicht mit Sicherheit sagen. Das Träumen ist naturgemäß schwer zu erforschen, denn schließlich kann man einen Träumenden nicht fragen, was er gerade träumt – und wenn er aufwacht, hat er das Meiste wieder vergessen. Es scheint wohl auch so, dass während des Träumens die verschiedenen Gehirnareale anders miteinander kommunizieren als im Wachzustand; es werden andere »Schaltsysteme« verwendet.

Man vermutet, dass sich das Gehirn auf der biochemischen Ebene durch das Träumen erholt. Es sucht sich von unwichtigen, zu vergessenden Tageseindrücken zu entlasten. Es könnte auch sein, dass im Träumen gewisse Eindrücke aus dem Kurzzeitgedächtnis ins Langzeitgedächtnis übertragen und dort abgespeichert werden. Dabei werden die Eindrücke in den bestehenden Erfahrungsschatz eingeordnet. Das Träumen hätte somit einen wichtigen Anteil an der Gedächtnisbildung des Menschen. Allerdings weiß die Hirnforschung noch kaum etwas darüber zu sagen, wie Gedächtnis überhaupt zustande kommt, wie dieses »Abspeichern« in den Nervenzellen funktioniert. Die »Chemie« des Gehirns ist noch weitgehend rätselhaft.

Die Träume sind ein nicht zu unterschätzender Faktor für seelische Gesundheit. Würde man einen Menschen über längere Zeit am Träumen hindern, etwa durch ständiges Aufwecken zu Beginn einer Traumphase, hätte das schwerwiegende psychische Störungen zur Folge. Wir träumen uns gesund, so könnte man sagen, egal, ob ein Traum nun schön oder erschreckend ist. In der Traumwelt hat auch das Böse sein Gutes.

Warum müssen wir sterben?

Vor dem Tod haben wir alle Angst. Dabei gibt es bei nüchterner Betrachtung eigentlich gar keinen Grund für diese Angst. Denn höchstwahrscheinlich wird sich das Totsein nicht grundlegend von dem »Zustand« unterscheiden, in dem wir uns vor unserer Zeugung befanden. Nicht zu sein war doch nicht das Schlechteste, zumindest haben wir keine schlechte Erinnerung daran. Und dennoch fürchten wir den Tod.

Diese Furcht ist durchaus als positives Zeichen zu deuten. Sie zeigt ja nur, dass wir am Leben hängen, dass uns das Leben grundsätzlich Freude bereitet, auch wenn es genug Ärger und auch Leid mit sich bringt. Leben ist eine schöne Sache, zumindest, wenn es ein lebenswertes Leben ist, was für viele Menschen auf dieser Welt leider nicht zutrifft.

Es ist wohl nicht so sehr die Angst vor dem Nicht-mehr-Sein, als vielmehr ein tiefer Ärger über die Gewissheit, dass wir irgendwann in ziemlich naher Zukunft das Leben wieder verlieren werden. So wünscht sich wohl jeder ein langes, sinnerfülltes und gesundes Leben. Mag ja sein, dass so mancher insgeheim sogar ewig leben möchte. Doch selbst wenn wir diesen Wunsch nicht in uns hegen, so empfinden wir unsere Sterblichkeit dennoch wie einen Stachel im Fleisch, als eine durch nichts zu rechtfertigende Verletzung der Spielregeln – auch wenn wir wissen, dass die Sterblichkeit einen Sinn hat.

Zwar sind sich die Biologen noch weitgehend darin einig, dass der Tod niemals besiegt werden wird, doch eifrig bemühen sie sich, die biologischen Ursachen für die Sterblichkeit aller Lebewesen zu ergründen, also der Frage nachzugehen, was Altern eigentlich ist und wie dieser Prozess hinauszuzögern wäre. Denn jeder natürliche Tod – und damit ist der Tod durch Altersschwäche gemeint – ist das Endergebnis des Alterns.

Streng genommen beginnt das Altern schon mit der ersten Zellteilung, die auf die Befruchtung einer weiblichen Eizelle durch eine männliche Samenzelle folgt. Der Tod ist in uns von Anfang an – und das *ist* das Leben. Anfangs erfolgen die Zellteilungen in schneller Abfolge, um sich nach und nach zu verlangsamen. Diese Verlangsamung der Zellteilung ist letztlich die Ursache für das Altern. Die Zellen, aus denen ein alter Mensch besteht, stellen etwa die 60. Generation der befruchteten Eizelle dar, mit der sein Leben begann. Ein durchschnittliches Menschenleben beruht biologisch auf etwa 60 Teilungen der befruchteten Eizelle. Die Zellen haben also eine Art von innerer Uhr, die ihnen nach etwa 60 Teilungen sagt, dass es jetzt genug ist mit der Teilerei.

Aber wieso haben die Zellen irgendwann keine Lust oder keine Kraft mehr, sich weiter zu teilen? Wieso altern wir? Zu dieser Frage gibt es, wie so oft bei Grundfragen der Naturwissenschaft, verschiedene Theorien, etwa eine »Abnutzungstheorie« oder eine »Müllanhäufungstheorie«. Mit letzterer ist gemeint, dass verbrauchte Eiweißmoleküle in unseren Zellen nicht mehr abgebaut werden, sondern sich dort als »Eiweiß-

schrott« ansammeln und die Stoffwechselvorgänge in
den Zellen und zwischen den Zellen mehr und mehr
behindern.

Im Zuge der Genforschung setzt sich aber immer
stärker die Erkenntnis durch, dass das Altern gleichsam
in unserem Erbgut einprogrammiert ist. Das ändert
nichts daran, dass der Alterungsprozess ganzer Organismen weiterhin rätselhaft bleibt. Das Altern einzelner
Zellen hingegen wird von den Forschern immer besser
verstanden. Im Zellkern ist das Erbgut, das in den Genen verschlüsselt ist, zu einzelnen Chromosomen knäu-
elförmig aufgewickelt. Bei jeder Zellteilung verkürzen
sich die schützenden Enden dieser Chromosomen-
knäuel im Zellkern. Die Fachleute nennen diese Chro-
mosomenenden Telomere; sie wirken wie Schutzkappen. Nach etwa 60 Teilungen ist eine kritische Länge
dieser Schutzkappen unterschritten und es ist aus mit
der weiteren Vermehrung. Die Zellen teilen sich nicht
weiter und altern.

Die Verkürzung der Telomere bewirkt also das Altern
der Zelle. Es gibt allerdings auch Zellen, etwa Krebszellen, bei denen diese Verkürzung nicht eintritt, weshalb
sie im Grunde unsterblich sind. Bei ihnen sorgt ein bestimmtes Protein (Eiweiß), Telomerase genannt, dafür,
dass die bröckelnden Schutzkappen der Erbgutpakete
immer wieder ergänzt werden, weshalb die Zellen sich
unbegrenzt teilen können, vorausgesetzt, sie werden
dauernd mit Nährstoffen versorgt. Das erscheint freilich
ziemlich unsinnig, denn die unsterblichen Krebszellen
bewirken den raschen Tod des kranken Organismus

und damit ihren eigenen Untergang. Unsterblichkeit
sorgt in diesem Fall für rasches Sterben.

Eines ist wohl sicher: Das Geheimnis der Unsterblichkeit – und sei es nur die Unsterblichkeit der Krebs-
zelle – liegt in den Genen, also in der Erbsubstanz. Diese
wird nun immer genauer auf den Alterungsprozess hin
untersucht. So hat man zum Beispiel die Gene von Kindern untersucht, die an Progerie leiden, einer sehr seltenen genetischen Erkrankung, bei der der Patient sehr
schnell vergreist. Progeriepatienten sehen mit 10 Jahren
aus wie 70-Jährige. Sie leiden an Arterienverkalkung
und brüchigen Knochen. Bei diesen Menschen teilen
sich die Zellen höchstens 18-mal statt 60-mal. Ursache
ist ein Fehler in einem ganz bestimmten Gen. Allerdings
weiß man noch nicht, welche Aufgaben es im Hinblick
auf den Stoffwechsel erfüllt.

Bei Fruchtfliegen haben vor Kurzem amerikanische
Genforscher einen entgegengesetzt wirkenden Genfehler
entdeckt. Er hat zur Folge, dass die betroffenen Insekten
doppelt so lange leben wie gewöhnlich. Das gleiche Gen
findet sich auch im menschlichen Erbgut. Theoretisch
müsste man also dieses menschliche Gen entsprechend
verändern, um auch beim Menschen ein doppelt so langes Leben zu bewirken. Die Forscher vermuten, dass das
fehlerhafte Gen den Stoffwechsel verlangsamt. Auch bei
einem Fadenwurm wurde ein ähnliches »Altersgen« entdeckt, bei dem ein Fehler ebenfalls dazu führt, dass die
Tiere doppelt so lange leben. Bei Mäusen gelang es Gen-
forschern bereits, durch gezielte Eingriffe ins Erbgut das
Leben der Tiere stark zu verlängern.

Das belebt natürlich den uralten Menschheitstraum
vom ewigen Leben. So verständlich dieser Wunsch ist –
es bleibt die Frage, ob er auch vernünftig ist. Denn der
Tod ist ja keine Böswilligkeit der Natur gegenüber dem
Leben, sondern eine durchaus sinnvolle »Einrichtung«,
die für das Leben an sich von unschätzbarem Wert
ist. Elterngenerationen müssen sterben, um Platz zu
machen für die Nachkommen. Denn nur diese garan-
tieren die nötige Anpassung an Veränderungen in der
Umwelt. Gleichzeitig schleusen die Eltern mit ihrem Tod
ihre Biomoleküle zurück in den Kreislauf des Lebens.
Vom Toten nährt sich das Leben. Wer weiß, wie viele
Moleküle jeder von uns in sich trägt, die schon in den
Körpern von anderen Menschen waren! Der Tod dient
der Arterhaltung. Deshalb ist nichts unsinniger, als das
Leben einzelner Menschen verlängern oder gar verewi-
gen zu wollen. Das liefe nicht nur der Grundidee des
Lebens, sondern auch der Lebensfreude zuwider. Das
ganze Dasein würde buchstäblich witzlos werden. Mehr
noch: Das ewige Leben wäre gewiss unerträglich. Das
ändert freilich nichts daran, dass der Tod eine ärgerliche
Sache ist. Gewiss, man möchte nicht ewig leben, aber
vielleicht doch den »Stecker« dann herausziehen, wenn
man es selber für richtig hält?

Warum sind wir unsterblich?

Alles Vergängliche, so wussten schon die Philosophen der Antike, ist nur ein Gleichnis. Das Leben in seiner ganzen Alltäglichkeit ist nur eine vorübergehende Fassung, mit der das Unfassbare umkreist wird. Das gilt hinab bis zu den Atomen und Elementarteilchen. Auch sie sind nur Fassungen für das Unfassbare. Elektronen, Quarks oder Photonen sind letztlich nur Namen für etwas rein Geistiges. Materie besteht nicht aus Materie, sie ist nichts anderes als kondensierte Energie, verdichtete Idee. Hier wird die Unterscheidung von Materie und Geist hinfällig. Die Elementarteilchen geben letztlich nur den irrwitzig kurzen Zeittakt für alles, was ist, was war und was sein wird. Das Universum ist immer ein Ganzes, in welchem eins im anderen wirkt. Aus diesem Ganzen fallen wir auch im Tod nicht heraus. Das Universum ist ein Haus, in dem nichts verloren geht. Diese elementare Gewissheit hat Goethe in folgenden Zeilen poetisiert: »Das Ewige regt sich fort in allem: / Denn alles muss in nichts zerfallen, / Wenn es im Sein beharren will.« Dem ließ Goethe einen zweiten Vers folgen: »Kein Wesen kann zu nichts zerfallen! / Das Ewige regt sich fort in allen, / Am Sein erhalte dich beglückt!« Ewig sind wir. Die Zeit ist pure Illusion. Das Leben auch. Ebenso der Tod.